Este livro é dedicado a Paul Rand, por sua enorme influência no design

COSACNAIFY

DESIGN EM DIÁLOGO

24 entrevistas por Steven Heller e Elinor Pettit

tradução Cid Knipel

apresentação

Patricia Amorim

Publicado originalmente nos Estados Unidos em setembro de 1998, *Design dialogues* reunia em livro uma coleção de 34 entrevistas realizadas por Steven Heller e sua colaboradora Elinor Pettit ao longo de mais de quinze anos. No livro, designers, autores e profissionais do campo da comunicação e cultura visual refletiam sobre suas próprias trajetórias no contexto das recentes transformações tecnológicas e do pensamento, o que acabava por conferir àquele conjunto de vozes uma feição típica das inquietações de fim de século. ■ Editada agora pela Cosac Naify, com o título *Design em diálogo*, a coletânea de Heller finalmente encara o futuro que seus entrevistados, durante os anos 1990, já podiam vislumbrar: a era digital da internet onipresente, dos dispositivos móveis e das redes sociais. E se nesse cenário – onde designers de todo o mundo são facilmente acessados através de seus perfis on-line – um livro de entrevistas pode soar anacrônico, é curioso observar como *Design em diálogo* adentra o século XXI oferecendo um viés de leitura que só fez ganhar corpo com o passar do tempo: as relações entre o design e o pós-modernismo nas conversas travadas entre Heller e seu seleto grupo de interlocutores. ■ Congregando desde notórios paladinos do modernismo, como Massimo Vignelli e Ivan Chermayeff, a designers assumidamente influenciadas pela teoria pós-estruturalista, como Ellen Lupton e Katherine McCoy, esta edição concentra-se em 24 entrevistados que, provocados por Heller, ainda levantarão temas como opinião pública e manipulação, responsabilidade social e interatividade. Inicialmente formulado pelo autor como uma série de diálogos sobre design gráfico e disciplinas que o tangenciam, neste novo formato o livro se realinhou. Distante do calor dos acontecimentos, agora também é possível apreciar em nova medida os desafios que a condição pós-moderna propôs aos percursos profissionais e visões de mundo desses criadores, em depoimentos sempre temperados pelos traços de personalidade de cada um. ■ Agentes de peso da comunidade do design norte-americano e europeu ao longo do século passado, quase todos ainda hoje atuantes, esses indivíduos vivenciaram o clima de mudança cultural que caracterizou o pós-modernismo e seus impactos na comunicação visual. Com origens nos anos 1960 e fertilizado pelos sintomas de uma emergente sociedade pós-industrial, pontuada pelo ativismo social, intensas trocas internacionais e economia global, o pós-modernismo iria estender sua influência sobre o design até fins da década de 1990. ■ Alegando a falência do paradigma moderno – que herdava do Iluminismo a fé na razão e na ciência como meios para o progresso humano –, os pensadores pós-modernistas afirmavam, *grosso modo*, a insustentabilidade das "grandes narrativas" ou dos sistemas e soluções de aplicabilidade universal. No âmbito do design, isso significou o rompimento com a corrente racional-funcionalista, inaugurada com a Bauhaus. Assim, os cânones de ordem e clareza, projeto e planejamento foram cada vez mais desafiados, abrindo caminho para o surgimento de leiautes concebidos no vértice da intuição, da aleatoriedade, da excentricidade, do caos. ■ Em função dessa natureza fluida, incômoda e polêmica, o pós-modernismo, em sua curta vigência, arregimentou no campo do design inúmeros praticantes e fiéis detratores, tendo ainda como plataforma operacional para a produção de suas obras os computadores Macintosh e o designer David Carson como *deus ex machina*. Esse cenário suscitou entre os entrevistados de *Design em diálogo* algumas posturas simpatizantes, discursos de preservação do modernismo e também a condenação absoluta daquilo que foi tachado como lixo pós-moderno. Qualidade que garantiu a esse tema papel de importante mobilizador ao longo das três seções que compõem o livro. ■ A primeira delas, *Razões e motivos*, abrange questões de arte e técnica, em que designers veteranos como Paul Rand e George Lois reveem suas carreiras longevas, suas crenças e estilos de trabalho. Chris Pullman, designer atuante em rede de televisão, impressiona ao antever o surgimento dos tablets e smartphones. Em outra linha, o jovem tipógrafo Jonathan Hoefler, então com 27 anos, reflete sobre os ganhos de sua atividade em função das novas tecnologias. Ele que, em parceria com Tobias Frere-Jones, projetaria em 2000 a fonte Gotham, um dos tipos sem serifa mais emblemáticos da década, adotada nas campanhas presidenciais de Barack Obama em 2008 e 2012. ■ Na segunda seção, *De onde viemos, para onde vamos*, agrupam-se conversas sobre o passado e o presente, onde a história, a teoria, a crítica e o ensino do design são repercutidos por nomes como Philip Meggs, autor do extraordinário manual *História do design gráfico* [Cosac Naify, 2009], além de Milton Glaser, Michael Bierut e Johanna Drucker. Também nesse sentido, e ainda mais inclinadas à discussão sobre as demandas do pós-modernismo, estão as entrevistas com o crítico britânico Rick Poynor e com as designers Katherine McCoy e Ellen Lupton, militantes nas áreas da educação, pesquisa e curadoria. ■ *Massagem da mensagem* é a seção mais heterogênea deste livro. Nela, Morris Wyszogrod, artista e publicitário, relata como sobreviveu aos campos de concentração nazistas utilizando seu talento como designer gráfico. Ralph Ginzburg, criador de revistas memoráveis em parceria com Herb Lubalin, como *Eros* e *Avant Garde,* relembra ter sido condenado à prisão no final dos anos 1960 por publicar conteúdo considerado obsceno. Numa frente distinta, Tibor Kalman examina seu trabalho na perspectiva da responsabilidade social, incluindo aí sua atuação como editor da revista *Colors*. Richard Saul Wurman, arquiteto da informação e criador das conferências TED (Technology Entertainment Design), e John Plunkett, cofundador da revista *Wired*, são, por sua vez, entrevistados que falam em nome da tecnologia como força cultural dominante. ■ O que, no entanto, também não se pode perder de vista no amplo espectro desta coletânea é a própria voz do entrevistador, que em todos esses encontros permite ao leitor o vislumbre de suas motivações, angústias e preferências. Infatigável, Steven Heller foi por quase três décadas diretor de arte da *New York Times Book Review*. Atualmente, ao lado de Lita Talarico, é chefe do mestrado Designer como Autor, da School of Visual Arts, de Nova York, sendo provavelmente o escritor mais publicado na área do design em língua inglesa, com mais de cem títulos entre autorias, coautorias e organizações. ■ No Brasil, recentemente foram publicados *Linguagens do design: compreendendo o design gráfico* [Rosari, 2007] e a coletânea *Textos clássicos do design gráfico* [Martins Fontes, 2010]. *Design em diálogo* é a primeira tradução de uma obra sua pela Cosac Naify, depois de colaborações para *BiblioGráfico: 100 livros clássicos sobre design gráfico* [2009], *Conversas com Paul Rand* [2010] e *Linha do tempo do design gráfico no Brasil* [2011]. ■ Investigador experiente das interações entre design e cultura popular, não é exagero afirmar que Heller esboça, através dos diálogos aqui compilados, um instantâneo do design gráfico confrontado com uma de suas mais recentes e ruidosas trocas de pele. Para ele, no entanto, o sentido desses encontros parece ser bem mais singelo e, por isso mesmo, universal: "Cada uma dessas entrevistas é uma história de como a cultura visual desempenha um papel em vidas individuais – e, por extensão, na vida de todos nós". ■ [PATRICIA AMORIM é professora e pesquisadora em História do Design]

DESIGN EM DIÁLOGO

RAZÕES E MOTIVOS

MASSIMO VIGNELLI estudou arquitetura em Milão. Em 1957, foi para os Estados Unidos como bolsista da Twole Silversmiths, em Massachusetts, e do Institute of Design, no Illinois Institute of Technology (IIT). Em 1960, abriu, com sua mulher, Lella Vignelli, um escritório de design e arquitetura em Milão. Em 1965, tornou-se cofundador e diretor de design da Unimark International Corporation e, em 1971, ele e Lella Vignelli fundaram a Vignelli Associates em Nova York. Seu trabalho inclui programas de identidade corporativa, interfaces gráficas para arquitetura e design de exposições, interiores e produtos. Entre seus trabalhos mais célebres estão o projeto de sinalização do metrô de Nova York, a identidade visual da Knoll e da American Airlines (em uso até 2012). Vignelli é também autor de *Design is One* [2004], *Vignelli from A to Z* [2007] e *The Vignelli Canon* [2008].

Embora tenha começado a carreira na Itália como arquiteto, hoje o seu trabalho abrange todos os aspectos do design. Isso se deve ao fato de eu ter crescido em Milão, onde se costumava dizer que "a gente tem de ser capaz de projetar tudo, desde uma colher até uma cidade", uma frase atribuída ao arquiteto Adolf Loos. Na verdade, o que importa não é o que se projeta, mas como se projeta. Comecei na arquitetura porque essa era a formação básica então disponível, mas com o tempo acabei passando para as artes gráficas, os móveis, objetos, vidro e outros materiais, e isso tornou-se uma atitude, um modo de vida.

Então você não se sente confortável com a especialização. A versatilidade do nosso trabalho é imensa devido à fecundação cruzada entre as diversas áreas. Como você deve imaginar, o que me desagrada na especialização é que ela conduz à entropia; a gente acaba fazendo sempre a mesma coisa porque tem de fazer e não por estar motivado. Nós somos especializados em design gráfico, design de embalagens, produtos, interiores, moda, e fazemos tudo isso com entusiasmo, talento e seriedade. **Há situações em que vocês fazem vários projetos diferentes para um mesmo cliente?** Em geral é o que acontece. Um cliente em potencial pode nos procurar porque acha que precisa de uma marca, mas às vezes não é disso que ele de fato necessita. Depois de avaliarmos as suas necessidades e problemas, há ocasiões em que acabamos propondo um programa de identidade corporativa, depois fazemos sugestões para embalagens ou talvez mudanças em seus escritórios, ou mesmo sugerimos a criação de outro produto. Quando ele vai embora, é muito improvável que saia de mãos abanando.

A Vignelli Associates conta com especialistas em todas as áreas do design? Temos especialistas em todas as áreas, mas cerca de 60% do nosso trabalho é no campo do design gráfico. Em função disso, às vezes chamamos profissionais para projetos específicos mais complexos como, por exemplo, programas de identidade corporativa que requerem tecnologia avançada. Aí trazemos especialistas em informática para nos ajudar. **Como vocês se relacionam no início com um novo cliente? Com tantos aspectos distintos, como chegam ao âmago do problema?** Procuramos de antemão saber o máximo possível sobre o cliente e sua empresa. Convocamos nossos colaboradores para ouvir e discutir todas as possibilidades já no início – e avaliar a natureza dos problemas. Em geral, no momento em que o cliente sai, temos uma ideia da direção a tomar. Por isso não fazemos muitas pesquisas; ninguém conhece melhor a natureza do problema do que o próprio dono ou presidente da empresa. Não gostamos de trabalhar com gerentes, pois eles têm de traduzir o que fazemos e as nossas ideias para os seus chefes e quase sempre acabam passando informações erradas. Quando trabalhamos diretamente com o chefe, podemos sugerir alternativas, abordagens diferentes, a solução imediata de problemas. Uma pessoa não consegue adivinhar o que outra pessoa quer. **O lema de vocês, na Vignelli Associates, deve ser então "Começamos pelo alto"?** É bem assim. Quem quiser permanecer no topo deve começar pelo topo. Esta é a nossa sugestão aos jovens que estão se formando em design: trabalhem somente com as pessoas que vão tomar as decisões finais. Essa é a única maneira. Também é importante se empenhar para conseguir os trabalhos mais importantes, não os medíocres. **Isso vale para o tipo de trabalho ou para o tipo de cliente?** O tipo de cliente. É muito importante conseguir bons clientes, estabelecer um bom relacionamento de trabalho e colocar a qualidade antes de tudo. É muito melhor fazer um bom trabalho do que fazer algo que dê muito dinheiro. O ideal, claro, é combinar ambas as coisas. Nunca se deve trabalhar só por dinheiro, porque não é daí que virá um bom design. A gente deve se propor a fazer o melhor design para solucionar o problema que estiver à frente – é fundamental demonstrar compromisso com a qualidade. ■ Costumamos dizer que o design é uma profissão que resolve problemas; no entanto, também é preciso ressaltar que não existe solução de um problema em termos absolutos. Sempre é a interpretação de um problema; portanto, isso significa que não há realidade nesse negócio – só a interpretação da realidade é real. **Ao longo dos anos, vocês carregaram a bandeira daquilo que Richard Saul Wurman chamou de "arquitetura da informação". Que diferença há entre essa e as outras formas de design gráfico?** Há dois tipos de designer gráfico: um deles está arraigado na história, na semiótica e na solução de problemas; o outro tem mais raízes nas artes liberais – pintura, artes visuais, publicidade, tendências e moda. E são dois caminhos bem distintos. O primeiro tipo está mais interessado em examinar a natureza do problema e organizar a informação. E é esse o tipo de design que nos interessa. Para mim, design gráfico é organizar a informação. Já o outro tipo se preocupa mais com a aparência e está sempre querendo mudar as coisas. Quer ser atualizado, belo, acompanhar as tendências. David Carson é um exemplo perfeito dessa modalidade de design. Tenho um tremendo respeito por gente como Carson. Não acho que seja um designer gráfico, mas ele é um articulador, é inteligente e é muito bom para se promover. O trabalho dele é fascinante. Mas na verdade existem esses dois canais, completamente diferentes um do outro: um deles é o lado estruturado, e o outro, o lado emocional. **Isso significa que a opção feita por vocês, privilegiando a solução de problemas e o ordenamento da informação, é o melhor caminho a tomar?** Acho que há espaço para ambas as vertentes, e elas poderiam se beneficiar com um pouco de integração. Devido à minha formação como arquiteto, meu trabalho tem como base a estrutura: informação estruturada, design estruturado, linguagem estruturada; em certo sentido, poderia dizer que somos estruturalistas. Não tenho nenhum problema em relação à moda e às tendências, mas nós jamais seguiríamos uma tendência; isso estaria em conflito com o que fazemos. Temos interesse em projetar coisas que durem, pois achamos que temos uma responsabilidade, e isso é por vezes desconsiderado – essa noção de responsabilidade. Como designers, temos dois tipos de responsabilidade, para com os nossos clientes e para com a sociedade. ■ Em relação ao cliente, temos a responsabilidade de não projetar nada que possa ficar obsoleto rapidamente; o investimento dele precisa se justificar; ele tem de receber algo que vá durar. Se um designer se sente obrigado a propor ao cliente algo na crista da onda, quando isso ficar obsoleto, o cliente vai atrás de outra coisa. Tudo gira em torno da noção de obsolescência, moda, tendência. Do meu ponto de vista, tudo isso é detestável. ■ Já no que se refere à sociedade, temos a responsabilidade de buscar o significado no design, na estrutura e na informação, de modo que ele perdure por muito tempo, que não seja algo descartável. Um exemplo são os produtos da Heller, que estão aí há mais de quatro décadas. E estamos produzindo objetos e móveis que foram projetados muitos anos atrás. ■ Houve uma época em que as pessoas projetavam coisas para que durassem muito tempo. Mas não era um tipo natural de compromisso. Claro que havia modas e tendências e o fabuloso *art déco*. Provavelmente a melhor tendência no século passado foi a do período *art déco*, e talvez também o *art nouveau*, sobretudo nos Estados Unidos, onde foi da melhor qualidade.

Para você, que se considera um modernista, qual é o princípio fundamental do movimento moderno? Uma das melhores coisas foi o senso de responsabilidade. Foi o movimento moderno que criou gente como Charles Eames e muitos e muitos outros; não eu, mas muitos outros. O que vimos nos últimos cinquenta anos é um incrível acúmulo de lixo. Talvez algumas personalidades importantes se salvem, como Michael Graves. Embora seu estilo seja muito diferente, gosto dele. Não significa que eu concorde com tudo o que faz, mas o respeito. Há muitos contemporâneos dele, ou contemporâneos meus, pelos quais não tenho o menor respeito, sobretudo no campo do design gráfico. É por isso que acho importante deixar a coisa clara dizendo que existem dois caminhos, e não apenas um.

Isso significa que, para você, não há problema haver espaço para o outro tipo de design gráfico? Claro, não vejo nenhum problema. Também há demanda para isso. O que se espera é que um lado cuide do sublime, enquanto o outro cuida do ridículo. ■ Noto uma quantidade imensa do que considero lixo sendo produzida como design gráfico em todo o mundo, sobretudo na Inglaterra e nos Estados Unidos. Creio que é perfeitamente aceitável fazer experiências desse tipo no âmbito das artes plásticas, mas não no do design. Quando se considera o design gráfico como o ordenamento da informação, todas essas sobreposições feitas com o computador, todas essas tendências, nada disso está contribuindo para o design. Não passa de uma maneira de realçar a forma, o que não tem nada a ver com a qualidade. É algo totalmente irrelevante. Também vejo irrelevância em outros aspectos do design, como no revivalismo; são todas formas desesperadas de inteligência para os não inteligentes, se é que se pode falar assim. São salva-vidas para os desesperados. Como você bem sabe, o design gráfico está naufragando como o *Titanic*.

Na sua opinião, esse "naufrágio do

design gráfico" vai continuar ou é só mais uma moda? De novo, como em toda profissão, é um embate entre quantidade e qualidade. Quando existem poucos médicos, é mais provável que muitos deles sejam bons profissionais. Quando se tem muitos médicos, alguns poucos serão bons e a grande maioria vai ser medíocre. Isso vale para todas as profissões. Não há como escapar às etapas do desenvolvimento, e uma delas supõe a capacidade de identificar o lixo. Só quando se reconhece o lixo é possível mantê-lo sob controle. Caso contrário, a gente apenas convive com ele, certo? **Ou ele se torna kitsch.** Pois é, ou se torna clássico, o que é ainda pior. Por falar em kitsch, hoje a gente vê por aí uma multidão de chefes de cozinha. Antes havia apenas alguns chefes, mas agora veja quantos estão por aí. Eles preparam esses pratos inacreditáveis e todos têm uma coisa em comum – são todos kitsch! A culinária é o reino do kitsch, é inacreditável.

Não só na aparência, mas também no sabor, como na *nouvelle cuisine*. Visualmente os morangos combinam com peixe, mas o sabor é outra história. Exatamente. E é exatamente isso o que acontece no design gráfico. A *nouvelle cuisine* é o ápice do kitsch. Não tem nenhuma tradição específica; transfere o valor do sabor para a aparência; torna-se apenas um efeito visual. A culinária jamais teve conotações visuais significativas, pelo menos em nossa cultura. Claro que, na cultura japonesa, o alimento sempre foi algo muito visual, e além disso as porções são mínimas. Já os chineses fazem com que tudo se pareça com alguma outra coisa. **Nunca antes tanta gente vem se formando em escolas de design. Não caberia aos educadores ensinar**

o design como ordenamento da informação? Se conseguirmos tornar clara essa distinção [design estrutural/design emocional] e proporcionar uma formação adequada em ambos os aspectos às novas gerações, então fica a critério de cada um escolher entre os dois caminhos. É como no caso dos arquitetos e dos engenheiros. Os arquitetos sempre odiaram os engenheiros, e vice-versa. Mas ambos são indispensáveis. O mesmo se dá com o design gráfico. De um lado estão os designers estruturais, que lidam com a informação estruturada, e, de outro, aqueles mais interessados na aparência das coisas. Talvez isso seja aceitável porque sempre se aproveita algo, e talvez esse algo nada tenha a ver com a legibilidade, mas antes com a criação de uma atmosfera, como na música. Por isso, não posso me contrapor ferozmente a essa vertente, pois sem dúvida há espaço para ela também. Mas claro que me incomoda o fato de que, justamente pela ausência de estrutura, cada vez mais gente se apaixona por esse tipo de design. E, devido à falta de treinamento no aspecto estrutural, vemos cada vez mais gente preferindo o outro lado. A culpa não é dos estudantes, e sim da escola. Não é possível ter um design melhor a menos que existam escolas melhores. É simples assim. ■ Nos últimos vinte anos, o que se viu acima de tudo foram professores mais interessados em transmitir uma atitude de "por que não?" e de "e se?". Essa é a mentalidade pós-moderna. É o que resulta daqueles que foram rejeitados pelo pensamento dominante por incompetência, e no final eles eram tantos que acabaram formando uma cultura. São a geração do por-que-não?, da atitude "vamos tentar, e daí?", em contraposição a todos os que têm responsabilidade e comprometimento social, que se empenham em melhorar o mundo. Não é função dos designers gráficos mudar o mundo, mas tudo o que é visual e tudo o que nos circunda pode ter um design melhor quando não se propaga a alternativa do design ruim.

O que você acha das novas tecnologias? São fantásticas. Nunca foram tão boas quanto hoje; é algo fabuloso. Dá para imaginar viver sem elas?

Eu não consigo. No entanto, tantos designers veteranos se queixam de que não passam de ferramentas etc. etc. Você acha que elas vão dar origem a uma nova disciplina? Em nenhum outro momento da história da tipografia, por exemplo, tivemos tanto controle quanto hoje. Agora podemos fazer muitas coisas excelentes que antes eram inviáveis. Também podemos fazer coisas ruins que jamais fazíamos antes. Mas acabou toda a imprecisão do passado. Agora podemos criar coisas maravilhosas – até mesmo tamanhos de tipos que nem sequer existiam. A tecnologia nos dá a oportunidade de aperfeiçoar o que fazemos. Ela nos dá o controle entre a ferramenta e a mente.

Da Revolução Industrial veio a Bauhaus. Você acha que vai surgir uma espécie de Bauhaus da tecnologia digital? Não tenho a menor dúvida. O objetivo básico da Bauhaus era conferir qualidade à produção em escala, fosse na área de impressão, de moldagem, de fundição, fosse lá o que fosse. E o mesmo vai ocorrer agora. E essa nova ferramenta já está produzindo tanto lixo que tenho certeza de que vai haver uma demanda por gente capaz de organizar um modo de pensar visando outra vez a qualidade.

Gente como Massimo Vignelli? Bem, eu já estou saindo, mas certamente alguém que esteja chegando. É preciso ser jovem o suficiente para fazer essas coisas. É preciso estar naquela fase da vida em que a pessoa está no ápice de sua capacidade.

PAUL RAND foi o principal designer gráfico dos Estados Unidos nos campos da publicidade, do design editorial e da identidade corporativa. Estudou na Parsons School of Design, no Pratt Institute e na Art Students League (onde teve George Grosz como professor), sempre em Nova York, mas antes de tudo foi um autodidata que explorou os caminhos do modernismo. No início da década de 1930, tornou-se um dedicado seguidor dos modernistas europeus, dos quais aproveitou os procedimentos concisos e funcionais ao se incumbir do design das revistas *Esquire* e *Apparel Arts*. A partir de 1941, quando se tornou diretor de arte da agência de publicidade William H. Weintraub, ele começou a mudar a aparência e o conteúdo da publicidade norte-americana, nela introduzindo uma mescla única de inteligência, humor e uma estética de base artística para clientes voltados para o mercado de massa. Mestre em muitas disciplinas, passou do campo editorial e publicitário ao design de marcas e embalagens para corporações, criando identidades para empresas como IBM, Westinghouse, Cummins Engine, Next, Enron e USSB. É autor de três livros: *Paul Rand: A Designer's Art* (1985); *Design, Form, and Chaos* (1993); e *From Lascaux to Brooklyn* (1996). Esta entrevista foi realizada em 1990 – Rand faleceu em 1996.

O que é o instinto lúdico? É o instinto de ordenação, a necessidade de regras que, se forem rompidas, estragam o jogo, criam incerteza e indefinição. "O jogo é marcado pela tensão", diz Johan Huizinga. "É o elemento de tensão e resolução que governa todos os jogos solitários de destreza."

Sem jogo, não haveria Picasso. Sem jogo, não há experimentação. E experimentar é buscar respostas. **Você faz design como quem joga ou monta um quebra-cabeça. Por que não adotar simplesmente uma fórmula e explorá-la até sua conclusão lógica?** Não existem fórmulas no trabalho criativo. Sempre faço muitas variantes, e isso se deve à curiosidade. A partir de uma ideia original, chego a muitas configurações diferentes – algumas com apenas diferenças mínimas, outras mais radicais. É um jogo de evolução. **Então o instinto lúdico é intrínseco a todo design?** Pode haver design sem jogo, mas aí é um design sem ideias. Você está falando comigo como se eu fosse um psicólogo. Mas só posso falar por mim mesmo. Em todo jogo é preciso tempo para estabelecer as regras. Todas as regras são feitas especialmente para se adequarem a tipos específicos de jogo. Em um ambiente no qual tempo é dinheiro, não se dispõe de tempo suficiente para brincar. Aí a gente precisa se agarrar ao que estiver mais à mão. A gente fica inibido, e não há tempo suficiente para criar as condições de jogo. **Há uma diferença entre o jogo e, digamos, o trabalho?** Estou usando o termo "jogo", mas com isso estou me referindo a lidar com problemas de forma e conteúdo, avaliar as relações, estabelecer prioridades. Cada problema de forma e conteúdo é distinto, o que implica que necessariamente as regras do jogo também variam. **Jogo é humor?** Nem sempre. É uma forma de atuação. Seu resultado pode ser muito sério, mesmo que o espírito da coisa tenha sido marcado pelo humor. Estou pensando no Picasso. A famosa *Cabeça de touro*, um selim e um guidão de bicicleta transformados em uma cabeça de touro, sem dúvida é uma obra lúdica e bem-humorada. É intrigante, um trocadilho visual. Picasso é quase sempre bem-humorado – o que não exclui a seriedade – quando cria imagens contrárias às expectativas. Ele podia colocar um peixe numa gaiola de passarinho, ou pequenos touros escalando o caule de uma flor. A noção de extrair as coisas de seu contexto e atribuir a elas novos significados é algo intrinsecamente engraçado. Tenho um amigo, o designer japonês Shigeo Fukuda, que é um bom exemplo de criador dotado de um senso lúdico pertinente. Quase toda a sua obra resultou de uma abordagem lúdica. **O senhor mencionou o jogo como experimentação. Também diria que o jogo implica fazer coisas inconscientemente?** Não acho que o jogo seja feito de modo não intencional. Seja como for, ninguém fica se preocupando se é jogo ou algo mais sério – o designer simplesmente faz o que tem de fazer. Por que alguém quer ver algo apresentado de várias maneiras diferentes? Por que se prefere ver uma solução com diversas combinações de cores ou com outras técnicas? Esse é um dos aspectos do instinto lúdico, embora também possa ser uma espécie de satisfação em ser produtivo. Mesmo assim, quase sempre a proliferação de versões proporciona um bom motivo para se perder a clareza e o discernimento. Muitas vezes tenho de pôr de lado um projeto por um tempo e só retomá-lo dali a algumas semanas. **Um pintor pode fazer isso, mas um designer tem esse tempo?** Claro que sim. Às vezes noto o que está errado nessa retomada. Porém, na maioria das vezes, o trabalho é impresso e só então vejo os meus erros. Há ocasiões em que consigo corrigir, reimprimindo o trabalho, tanto às minhas custas como, se o cliente é generoso, repassando o custo para ele. Um bom exemplo disso é a marca da UPS. Recentemente conversei com uma relações-públicas da UPS sobre o trigésimo aniversário da marca. Disse que gostaria de corrigir o desenho, pois achava que alguns detalhes precisavam ser modificados. Acrescentei que estava convencido de que a empresa não iria aceitar nenhuma mudança. Ela bem que se empenhou, mas lamentavelmente eu tinha razão.

O que há de errado com essa marca? Ela é reconhecível, agradável em termos estéticos e tem uma verve que não se vê nas marcas de outras empresas do setor. Agradável em termos estéticos não é o mesmo que perfeito. São dois os problemas: primeiro, a configuração do laço não está harmoniosa com a forma das letras; depois, a contraforma do "p" é incompatível com o "u" e o "s".

Mas o laço dá um ar divertido ao logotipo. Sem dúvida. Na verdade, a ideia de tomar algo tradicionalmente visto como sagrado, o escudo, e de alguma forma fazer graça com isso – o que faço ao colocar uma caixa sobre ele – é aparentemente uma leviandade. O cliente, contudo, nunca foi dessa opinião, e o resultado é que a marca adquire sentido devido a essa intenção lúdica. Mas a questão não é essa. O laço foi desenhado à mão. Hoje eu usaria um compasso.

Não é o fato de ter sido traçado à mão livre que dá a leveza necessária? O fato de um desenho ser ou não feito com a ajuda de uma ferramenta – o compasso – não é importante. O que conta são o espírito e a intenção. Teria sido mais coerente construí-lo de modo geométrico, tal como o escudo e as letras. Todos os elementos seriam harmônicos, e ninguém se daria conta. **Para muitas empresas, a marca é algo sagrado, que não pode ter nada a ver com o humor.** Muitas companhias acham que a marca é uma espécie de pé de coelho ou talismã – ainda que às vezes possa ser um elefante branco – e temem que, se for alterada, algo terrível vai acontecer. **Nesse sentido, você desenhou algumas das marcas mais conhecidas dos Estados Unidos, sobretudo a da IBM. Anos mais tarde, depois de ter mostrado como o logotipo podia ser usado, fez aquele cartaz que transformava a marca em um rébus: o I como um olho [*eye*], o B como uma abelha [*bee*], deixando apenas o M como letra. Em outra ocasião, você já comentou que a empresa relutou em usá-lo. Foi por terem achado que era um desrespeito para com a empresa?** Eles acharam que poderia incentivar as pessoas que trabalhavam na IBM a usar ou interpretar a marca de modo equivocado. Mais tarde, porém, acabaram mudando de ideia, pois não aconteceu nada do que temiam. O que eu fiz acabou sendo uma ideia divertida; na verdade, praticamente todos os rébus são dotados de humor. Basta ver aqueles feitos pelo Lewis Carroll. Todo rébus é uma forma de dramatização que torna uma ideia mais memorável. **Quando você inicia um projeto, independentemente da mídia, trata-se sempre de uma brincadeira**

com as formas? Eu não fico apenas brincando com a forma ou com as formas. Isso supõe a falta de ideias. Sempre parto de uma ideia; não fosse assim, estaria lidando com meras abstrações. Seria o mesmo que sair de viagem sem um destino. A forma desenvolve uma ideia. A forma é a manipulação de ideias – ou de conteúdo, se preferir. E é exatamente isso que são os designers: manipuladores de conteúdo.

Você tenta deliberadamente criar ideias bem-humoradas? Não. Entre os designers há aqueles que têm senso de humor e há os que não têm. Dado o mesmo conteúdo, a diferença está no modo como se apresenta a coisa. Groucho Marx pode tornar qualquer coisa engraçada, enquanto outros com um material parecido só conseguem ser enfadonhos. Mesmo assim, algo pode ser engraçado sem que haja humor – com ironia. Sempre ajuda, claro, quando o material é divertido, mas alguém que tenha senso de humor pode tornar quase tudo engraçado. O modo como algo é feito ou apresentado é em geral mais importante do que o conteúdo.

Em relação a isso, lembrei-me de uma de suas capas, para um livro chamado *Leave Cancelled*. Ela mostra uma figura clássica voando sobre um fundo rosa, com vários buracos de balas recortados no papel. Eu não considero essa capa engraçada. É a imagem de Eros, o deus do amor. Não é algo intrinsecamente engraçado. Os buracos de balas têm a ver com a trama; o protagonista tem de voltar ao seu regimento antes de acabar a licença. Em vez de engraçada, a capa é uma tradução literal do enredo. Para

mim, uma ideia bem mais engraçada é a capa do livro *Prejudices*, de H. L. Mencken. Mas aí a solução dependia do próprio material – a foto que eu tinha do Mencken era medonha. O que dava para fazer com um péssimo retrato do autor? Decidi então recortar a foto de modo a ficar uma silhueta de alguém discursando, algo que não tinha nenhuma relação com o formato da foto. Isso foi engraçado, em parte devido ao recorte irônico, e também porque Mencken era um tremendo rabugento. Mas nem tudo o que faço tenta ser engraçado, sobretudo quando o tema não permite. Por outro lado, embora às vezes tente usar certa espirituosidade, nem sempre dá certo. **É possível ser engraçado sem uma linha desenhada? A tipografia pode ser um elemento de humor?** Claro que sim. Pode-se fazer com que as letras correspondam a ações, como colocá-las deitadas se um texto fala de descansar ou morrer. Apollinaire fez esse tipo de coisa com a sua poesia visual. E isso era feito muito antes de Apollinaire. Na tipografia em hebraico há muito humor. O modo como o hebraico foi escrito na Bíblia envolve todo tipo de truques gramaticais. E, mesmo quando alguém faz suas orações, elas são escritas de tal modo que os prefixos e os sufixos se repetem. Eles eram usados como recursos mnemônicos. Na verdade, o humor é algo muito judaico. **Saltando da antiga Israel para as marcas, aquela que o senhor fez para a Next tem uma abordagem muito bem-humorada.** Não era a minha intenção. É algo divertido e amistoso. Um crítico o descreveu como um desses bloquinhos de montar para crianças. Embora essa não fosse a ideia, de fato há uma sugestão de algo assim. Não dá para fazer com que as pessoas percebam as ideias tal como planejado. ■ Na verdade, parti do pressuposto de que Steve Jobs, o fundador da Next e o homem por trás dos computadores Apple, gostava de coisas engraçadinhas, como a marca da maçã com as cores do arco-íris e uma mordida. Me disseram que o motivo de a empresa ter sido chamada de Apple foi que Jobs desafiou sua equipe a propor um nome – e ninguém sugeriu nada –, por isso ele se decidiu pela maçã, pelo simples motivo de que gostava da fruta. Esse é um exemplo clássico de quão arbitrários são os símbolos e os logotipos – ou deveriam ser.

Chamar um computador de "maçã" também serviu para torná-lo mais humano. É verdade, mas acho que não foi intencional. É evidente que uma marca não precisa ser uma ilustração do negócio. Se isso acontecer, ótimo. Mas veja o caso do rum Bacardi, cujo símbolo é um morcego, ou o jacaré das roupas esportivas Lacoste. Além deles, quem mais gostaria de ter um morcego ou um jacaré como símbolo de seu negócio? Mas eles estão agora de tal modo arraigados na mente do consumidor que não faz muita diferença. O fato é que, se a gente reconhece e associa um morcego ou um jacaré a esses produtos, então eles cumprem com seu objetivo. A função de uma assinatura – e uma marca não passa de uma assinatura – é ser legitimadora, e não necessariamente original ou bem-humorada.

Certo, mas estávamos discutindo o que o levou a escolher o cubo para a Next. Tenho uma tendência a me desviar do assunto. O motivo foi que Jobs gostava de coisas engraçadinhas. Pensei que devia tentar achar algum tipo de objeto assim, como um cubo. Parecia algo razoável, pois o próprio Jobs mencionou que o computador seria instalado num gabinete com o formato de um cubo. Ele não disse que eu deveria usar um cubo – apenas desfiou um monte de adjetivos para descrever a máquina. Então pensei: o que é comparável a uma pequena maçã engraçadinha? Um cubo pequeno – algo com que se possa brincar. E ele foi posicionado no envelope inclinado, como um selo. ■ Na reunião de apresentação, alguém comentou comigo que ficou encantado justamente com isso – a inclinação da marca –, o que é divertido porque originalmente fiz duas versões. A primeira com o cubo paralelo ao plano pictórico. A única que estava oblíqua era aquela no verso do envelope. Enquanto a apresentação estava sendo impressa, alguém perguntou "por que você não faz todos como esse do envelope?". Achei boa a ideia. Desse modo ficou mais lúdico e mais jovial. **É como o ritmo certo para contar bem uma piada.** É. **Alguma vez você já fez uma paródia?** Fiz um cartaz para Yale que poderia chamar de paródia. Usei o escalonamento como tema – agora uma tendência muito comum. Mas esse motivo de zigurate vem de longe e remonta à Antiguidade. Também é um tema muito presente na arquitetura holandesa. É um tema comum que foi retomado à exaustão pelos pós-modernistas. Em função de toda essa carga de significados, decidi fazer uma paródia dele, só de brincadeira. ■ É um cartaz para o recrutamento de novos alunos, um folheto dobrado em sanfona. A capa traz o título e uma versão dramatizada do tema escalonado. Quando é aberto, o buldogue de Yale está no degrau mais alto. Minha ideia é tirar o clichê dos clichês. As maçãs do Cézanne eram clichês. **Você concorda com a frase "não há nada de novo sob o sol"? Que *tudo* é um clichê?**

O que sei é que quase tudo é água para o moinho da criatividade.

Leon Trótski disse certa vez que a arte é um ato complexo de torcer e revirar as velhas formas influenciadas por estímulos externos à arte, a fim de que possam ser renovadas. Não sei se entendo o que Trótski quis dizer com "formas velhas". Está se referindo a velhas categorias, velhas ideias – o modo como se costumava fazer as coisas, o conteúdo velho? O problema do designer sempre foi o de fazer algo com o conteúdo, velho ou novo, de acentuar, intensificar, dramatizar, por meio de ideias incomuns ou perspectivas inusitadas, e, *ao mesmo tempo*, de exprimir essas ideias na prática por meio da manipulação formal – uma interpretação sensível, com integridade e, se possível, com engenhosidade. Mies van der Rohe disse certa vez que fazer bem é mais importante do que ser original. A originalidade é um produto, não uma intenção.

JONATHAN BARNBROOK nasceu em 1966, na Inglaterra, e estudou na Escola de Arte St. Martin's e no Royal College of Art entre 1985 e 1990. Seu estúdio, sediado em Londres, desenvolve projetos de livros, revistas, sites e vídeos, além de fontes, entre as quais se destacam a Mason e a Exocet, distribuídas pela Emigre Fonts. Em 2007 o Design Museum de Londres abrigou uma exposição dedicada ao seu trabalho, e a editora Booth-Clibborn publicou *Barnbrook Bible*.

Como você começou a trabalhar com design tipográfico? Passei a fazer design de tipos porque não havia outra opção; foi algo instintivo. Quando tinha catorze anos, costumava desenhar os nomes das bandas de música nos meus cadernos de escola, sempre respeitando a tipografia usada nas capas de discos, e depois passei a inventar minha própria tipografia para esses nomes. A ligação entre o visual e a música era o que mais importava para mim, não tinha nada a ver com algum conhecimento do design gráfico. Mas hoje, quando revejo esses cadernos, a atenção para com os detalhes das formas das letras e a ênfase na tipografia ao inventar logotipos indicavam que, instintivamente, eu já era um designer. ■ Mais tarde, quando passei a me dedicar às artes gráficas e a trabalhar com diagramação, não me bastava controlar o posicionamento dos elementos na página. Eu não tinha a sensação de domínio completo. Sentia a necessidade de explorar ao máximo o projeto gráfico, até chegar ao desenho das próprias letras. Na época ainda não havia começado de fato essa onda do Macintosh, e a impressão que ficava era que muitos dos tipos disponíveis não exprimiam bem a sociedade contemporânea. Portanto, foi como que uma reação visceral para definir algo que refletisse a sociedade na qual eu vivia e deixar de lado os modelos de tipos então correntes e desenhados trinta anos antes. Espero que isso não pareça arrogante. Eu valorizo e admiro algumas dessas fontes. Mas havia necessidade de algo mais imediatamente relevante.

Qual foi a sua primeira tentativa de desenhar um alfabeto completo? Minha primeira tentativa com um alfabeto completo foi uma fonte caixa-alta cujos caracteres eram todos serifados e não serifados. Eu a chamei de Mulatto. Isso foi em 1987, antes de se tornar corriqueiro o acesso a fontes digitais, e exigiu portanto muitos desenhos e colagens de fotos. Naquela época não era costume misturar assim os caracteres, e foi justamente isso que me motivou. Antes havíamos feito alguns exercícios no primeiro ano do curso de design gráfico, nos quais tínhamos de construir um alfabeto todo a partir apenas do *I* e do *O*. Embora esse tipo de projeto tenha lá sua utilidade, é uma péssima introdução para o design de letras, pois os tipos requerem bem mais do que destreza e um laborioso aprimoramento estético. Na verdade, a tipografia tem a ver com a vida. A tensão presente no desenho das letras é algo muito instigante: é a restrição do modelo de alfabeto que todo mundo traz na cabeça, mesclada à importância da forma abstrata, do espírito do tempo e da excitação de lidar com a linguagem – tudo isso é diretamente afetado pela forma das letras. **Há uma inspiração inscritiva no Exocet. Fale algo sobre a natureza desse tipo.** O Exocet foi o quinto tipo que desenhei, mas o primeiro a ser distribuído. É o resultado de minhas perambulações por museus e do meu fascínio pelas inscrições em pedra feitas pelos antigos gregos e romanos. Era uma síntese de muitos desses formatos de letras. Para mim, elas pareciam, de alguma maneira bizarra, muito modernas, e minha intenção era mostrar isso para as pessoas. Depois de muita pesquisa sobre as letras desse período, fiz minha interpretação delas no Exocet. Muitas das versões iniciais eram bem mais parecidas com as originais, mas é sempre importante acrescentar algo, em vez de apenas copiar. Há partes do Exocet que de fato estão associadas ao modo como o original grego era entalhado na pedra – como a letra E, que foi diretamente inspirada na maneira de entalhar. **E de onde veio o nome Exocet?** Exocet é o nome de um míssil. O tipo foi usado pela primeira vez em um livro intitulado *Illustration Now* [1992], e este também foi o meu primeiro projeto de design político. O livro era simplesmente um catálogo anual de ilustrações europeias do ano anterior, mas foi publicado logo depois da Guerra do Golfo, e o design foi uma reação direta a isso e à queda inicial das barreiras comerciais na Europa. O míssil Exocet parecia ser um exemplo da venda irresponsável de armas por parte do governo francês. Ele foi vendido para regimes não democráticos no mundo todo, e portanto estava de certo modo associado ao tema do livro. Depois soube que o meu próprio país, a Inglaterra, é um dos maiores exportadores de armas do mundo; talvez eu devesse ter batizado o meu tipo com o nome de uma dessas nossas exportações execráveis. O nome Exocet soa muito sedutor, e o fato de tê-lo escolhido tem a ver com o modo como as pessoas foram seduzidas pela tecnologia na Guerra do Golfo, esquecendo por completo que pessoas de carne e osso estavam sendo mortas de maneira sangrenta e dolorosa. É curioso não ter havido nenhuma reclamação quanto a esse nome, ao contrário do que ocorreu com a Manson. Talvez o motivo seja que as pessoas podem se distanciar da responsabilidade pela morte provocada por seres humanos manipulando recursos tecnológicos, mas o mesmo não se dá no caso de seres humanos que matam com as próprias mãos. Seja como for, os resultados são os mesmos, e ambos são injustificáveis. **Se um alfabeto pode ser polêmico, então este é o caso do Manson. Claro que a controvérsia ocorreu por causa do nome [uma referência a Charles Manson, mentor de uma série de assassinatos na Califórnia em 1969], e não das características do tipo. O que o levou a desenhar esse alfabeto e chamá-lo de Manson?** A motivação era contribuir para a cultura; a motivação é sempre esta – primeiro a cultura, o lucro por último. Você tem razão ao dizer que não é em si uma fonte polêmica (embora alguém tenha me escrito há pouco dizendo que não tinha permissão para usar a fonte porque ela parecia demoníaca demais), mas esse é exatamente o propósito de atribuir tal nome. Não havia a intenção de chocar, mas de lhe atribuir uma referência contemporânea, uma vez que foi concebida a partir de esboços de inscrições em igrejas e outros edifícios monumentais. Não queria que as pessoas tivessem essa visão confortável de letras com belas formas e um nome facilmente compreensível (como o nome atual, Mason [maçom, pedreiro], que remete de imediato ao entalhe em pedra), reforçando ainda mais o conforto. Mais do que nunca, a tipografia reflete o ritmo das mudanças no mundo contemporâneo, assim como as suas contradições, e não pode ficar isolada dele. Além disso, na época eu estava lendo o escritor japonês Mishima, sobretudo os textos que tratam da similaridade dos opostos: dor e prazer, beleza e crueldade. O tipo Manson associa a beleza e a crueldade – não podemos esquecer que a Igreja católica tem uma longuíssima história de tortura e perseguição. E também havia o som fonético da palavra, a ideia era provocar uma reação

MANSON 1992

de surpresa, que levasse alguém a pensar "hmmm... Manson, tem uma sonoridade bem elegante", e aí em seguida a pessoa se dá conta da origem efetiva do nome (o tipo foi desenhado na Inglaterra, onde ele não é muito conhecido, e nem imaginei que seria distribuído nos Estados Unidos), que é o nome de um *serial killer*, e isso mudaria toda a sua atitude na hora de usá-lo.

Hoje o batismo de tipos tem uma carga bem maior do que na época em que era mais comum usar os nomes como homenagem ou sinal de imortalidade. Talvez tenha uma carga menor em alguns sentidos. No passado, as pessoas usavam os seus sobrenomes porque levavam uma década para desenhar um tipo – era a obra de uma vida. Mudou no sentido de que algumas ideologias associadas ao design gráfico se tornaram mais complexas, e portanto é mais comum tornar a designação menos direta. Como você deve ter notado, os nomes dos tipos são extremamente importantes para mim. Todos os meus tipos são batizados somente depois de muita consideração. Um nome de tipo pode ser equivalente ao título de um quadro ou de uma canção popular contemporânea – ele pode funcionar em vários níveis. E é uma oportunidade específica para juntar a maravilhosa complexidade das letras e a complexidade da linguagem e, com isso, criar uma contradição ou ilustrar um conceito.

Você acha desproporcional a reação das pessoas que rejeitaram o nome e o tipo? Fico muito incomodado com gente que não se dispõe a nenhum tipo de discussão sobre o assunto. Esperava um pouco mais de argumentação por parte das pessoas que se queixaram; afinal, elas estão associadas ao que supostamente é uma área criativa. Esse tipo de questionamento teria sido tolerado no mundo das artes. Logo fui acusado de buscar publicidade ou de apenas querer chocar, e isso é o oposto do que de fato me interessa. Aqueles que ficam chocados e não passam disso estão em geral assumindo posições muito tediosas e vazias.

Se soubesse da reação que o Manson

iria despertar, você teria feito algo diferente? Teria, mas nada que tivesse a ver com alguma mudança no nome; em vez disso, seria algo no sentido de desenhar mais caracteres, de modo a exprimir a ideia de maneira mais definida.

Como você vê o papel de um novo tipo, e sobretudo dos seus, nas circunstâncias e no mercado atuais? O papel deles é o de questionar. Eu não penso no mercado. Pouco me importa se ninguém quiser comprar os meus tipos. Se as pessoas gostam deles e se interessam em comprá-los, então fico contente que o façam. Muitas vezes fico surpreso com a maneira como as pessoas os aproveitam; eles acabam sendo usados de modo óbvio e obtuso. Quando um tipo supostamente de vanguarda é empregado em algo muito rotineiro e desprovido de conteúdo, isso expõe a natureza de grande parte do design gráfico – trata-se simplesmente de cumprir razoavelmente a tarefa encomendada, e não de colocar em questão as ideologias culturais. Em um nível simples, os meus tipos são tentativas de dar forma ao espírito da época e encontrar um "tom" visual inédito para dizer algo.

Um designer de tipos tem responsabilidade para com a tradição de seu campo? Acho que sim, mas essa responsabilidade também pode significar que ele esteja dizendo: "Odeio tudo isso e vou fazer algo diferente". Mas é preciso saber do que se trata antes de dizer tal coisa. Meu trabalho em geral se refere à tradição tipográfica porque esta é uma importante referência de aprendizado. Quem lida com tipografia tem uma responsabilidade absoluta em relação ao seu ofício. As pessoas devem experimentar, mas antes é preciso conhecer o ofício; caso contrário, também não há experimentação – não há nada contra o que se opor. Há muitos estudantes e profissionais que acham que estão fazendo coisas experimentais, mas eles se enganam – estão apenas trabalhando em uma linguagem visual contemporânea razoavelmente definida. A experimentação surge primeiro de uma rebelião filosófica, e não apenas estilística. Fico deprimido com a quantidade de tipógrafos ou designers de tipos que consideram as regras tipográficas tradicionais por demais tediosas para serem aprendidas e que ao mesmo tempo tentam ser experimentais. Eles estão perdendo as coisas mais importantes e fundamentais na atividade de um tipógrafo.

Como você vê as mudanças – estilísticas, filosóficas, ideológicas – que aconteceram no design gráfico desde a época em que você começou até hoje? Em diversos aspectos, o design gráfico mudou muito pouco desde a década de 1920. Ele é, e sempre vai ser, focado na solução de um problema de comunicação; o que muda é apenas a definição do problema, assim como as inúmeras maneiras distintas de comunicação. Acho que a tecnologia obviamente teve um efeito, tanto positivo como negativo. Ela proporcionou às pessoas um acesso mais fácil às ferramentas do design gráfico, mas isso não foi acompanhado de uma educação sobre como usar tais coisas. As pessoas deveriam fundamentalmente ser educadas sobre a base de tecnologia e tipografia, e isso implica, antes de tudo, deixar claro que ser possível fazer uma coisa não significa que ela seja uma boa ideia. Um aspecto muito positivo é a fragmentação do setor. Hoje, bem mais do que no passado, há muitos pequenos estúdios de design e fundições tipográficas. Isso resultou em trabalhos mais diversificados e permitiu que catálogos antigos de tipos fossem relançados, possibilitando tipografias mais particulares. E também é verdade que o design gráfico passou a levar em conta as complexidades filosóficas nos trabalhos mais comerciais – ideias como o desconstrucionismo. A despeito de o mundo, em geral, estar tendendo cada vez mais para o capitalismo, o design gráfico se abriu para uma gama muito mais ampla de gente, em vez de se limitar aos grandes estúdios de design voltados para o mercado.

O que mais o entusiasma como designer gráfico?
A possibilidade de comunicar algo importante para as pessoas além da mensagem do cliente. Isso talvez seja o oposto do que se imagina que deva ser a postura de um designer, mas ainda tem a ver com a clássica resolução de um problema, que é a base do que é ser um bom designer. Eu só identifico o problema de um jeito um pouco diferente. Também gosto do fato de que o trabalho é ostensivamente gratuito, ou pelo menos bem mais barato do que uma obra de "arte". E não há toda aquela merda que nos circunda quando somos artistas: os problemas da tela como ícone, o isolamento absoluto que cerca alguns artistas e faz com que eles não tenham de explicar o trabalho e possam produzir lixo impunemente. Eu gostaria, contudo, que o design gráfico fosse um pouco mais valorizado. Ao trabalhar com Damien Hirst, tal valorização era evidente. Você tem muito mais respeito por sua criatividade. Tanto faz que o trabalho seja ou não encomendado (pois os artistas também trabalham para colecionadores ou recebem bolsas); muitas vezes a mensagem pode ficar ao critério do designer, tal como ocorre com um artista que determina ele mesmo suas prioridades.

O livro *Damienhirst* é uma espécie de marco um casamento aparentemente perfeito do conteúdo e do design. Como foi o processo de concepção e design desse livro?

Bem, você tem um ou dois anos para falar disso? Olhando para trás, acho difícil lembrar, pois todo o processo foi muito desestruturado. Não havia um mapa da paginação, tudo aconteceu de maneira orgânica. Houve certas coisas que Damien Hirst fez questão de incluir, como os *pop-ups*. No início não gostei da

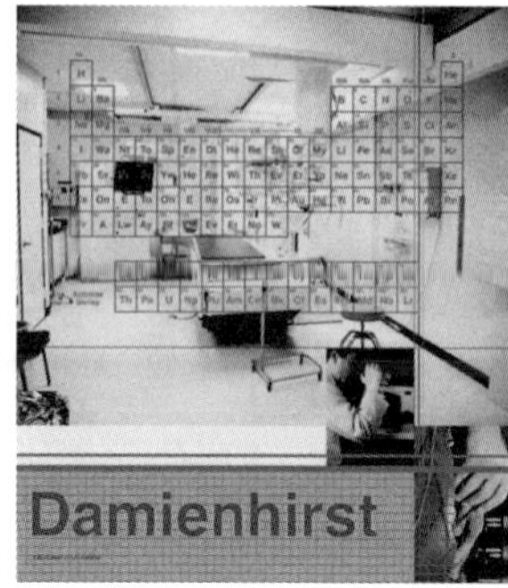

ideia, mas agora acho boa porque eles conferem ao livro um aspecto lúdico que faz muita falta nos livros de arte. Tivemos muitas conversas gerais sobre o projeto convencional demais da maioria das monografias sobre artistas. Isso é lastimável. Afinal, supostamente todos nós estamos trabalhando com a criatividade, certo? Ainda assim, quase todos os livros desse tipo recaem em uma tediosa legitimização acadêmica, com textos que raramente são lidos e sem muito contexto cultural para as obras. No caso, foi uma tentativa honesta de atualizar o design dos livros de arte.

Que tipo de contato vocês dois – artista e designer – mantiveram? Como não moramos perto um do outro, grande parte da comunicação foi feita por fax. Quero deixar registrado aqui que Damien Hirst é um dos artistas mais receptivos com quem já trabalhei. Não há nele aquela terrível atitude conservadora que a maioria dos artistas demonstra em relação ao design gráfico. Em vez disso, ele deixou que eu fizesse o meu trabalho, limitando-se apenas a uma supervisão geral. Ele aceitava aquelas sugestões nas quais eu de fato acreditava. Houve coisas, porém, que ele achou que eu não havia entendido direito, e que tive de refazer. Não me incomodei com isso, pois estava ali para realçar as obras dele, e só ele sabia como elas haviam sido produzidas – e também não era o caso de supervalorizar o design. Fazíamos reuniões de tempos em tempos e repassávamos o que havia sido realizado, a fim de garantir que estivesse tudo certo. O livro mudou constantemente até o último instante. Chegamos a acrescentar páginas quando já estava na gráfica. É importante ter liberdade para fazer esse tipo de coisa. O trabalho com filmes me ajudou muito na maneira como lido com uma obra gráfica. Ele me ensinou que se deve fazer o melhor possível a cada momento e deixar as coisas fluidas, em vez de fixá-las de maneira absoluta – algo bem parecido com participar de uma filmagem e de tudo o que acontece em um dia específico. Minha ideia era fazer um trabalho gráfico com este espírito: fazer um filme tipográfico de toda a informação relevante e, em seguida, usar os fotogramas como páginas. Isso permite todo tipo de possibilidade inconsciente de diagramação entre um quadro e outro.

Ainda que muito elogiado por sua inventividade, o livro também é extremamente excessivo. Você não acha que passou dos limites? Claro que sim. Isso fazia parte. Queríamos realizar algo radical – não tinha o menor sentido fazer aquilo de maneira contida. Era uma declaração incisiva sobre até onde se pode levar a arte de alguém e realçá-la com a ajuda do design. Se tivéssemos nos contido, ele não teria o impacto que teve. Muitas vezes procurei exagerar ao máximo; ele é exatamente como deveria ser – um experimento. É por isso que fico chateado quando alguns designers, de estúdios maiores e mais comerciais, menosprezam grande parte das obras experimentais, dizendo que não seriam viáveis no campo comercial, e em seguida copiam as soluções e as apresentam diluídas para os seus clientes. ■ Como cada seção do livro foi desenhada em conformidade com as várias séries de obras, há mudanças drásticas de uma página para outra. Seria possível considerar cada seção como uma música pop de estilo diferente. Lembro de ter pensado, pouco antes de concluir o trabalho, em todas as pessoas que iriam vê-lo como exemplo do pior tipo de decadência, mas eu o considero defensável como exemplo de quão longe é possível levar essas coisas em determinado ponto no tempo. Embora tenha dito que é "excessivo", na verdade é bastante contido para uma obra minha. Quando se olha para coisas como as páginas de introdução, elas são muito simples e se originam de uma atmosfera modernista, limpa, hospitalar. Em inúmeras ocasiões, sentamos e "desmontamos" as páginas, fizemos com que as cores dessem a impressão de ter sido escolhidas ao acaso, usamos as imagens de maneira aleatória. Suponho que o aspecto "excessivo" venha do fato de estarmos sempre conscientes de que as páginas foram manipuladas por alguém, em vez de ser "transparentes".

Retomando o seu comentário a respeito da cópia e diluição das obras experimentais, não está aí o risco de trabalhar no limite? A pessoa dá o mergulho, sofre as críticas e depois é pirateada. Isso já ocorreu com você? Quanto à pirataria tipográfica, na verdade alguém conseguiu distribuir uma versão pirata de um dos meus tipos antes que eu lançasse a versão legítima. Ainda que não me preocupe muito com dinheiro – pois aí seria tão detestável quanto aqueles que só pensam nisso –, sou obrigado a atuar no mercado capitalista, e por isso tenho de fato esperança de ter retorno financeiro com meu trabalho tipográfico, o que não é o caso no momento. O que me aborrece é que essas pessoas não têm o menor interesse nas ideias de justiça e de devido reconhecimento. Também tenho de passar tempo demais me comunicando com gente que acha que sou uma grande empresa que lucra milhões e para quem, portanto, o roubo de um tipo é uma forma de rebelião, o que é patético. **Como você – ou qualquer designer mais iconoclasta – consegue manter o frescor ou, para colocar de outro modo, consegue manter-se à frente dos outros?** Se você pensar bem, pessoas como eu são na realidade responsáveis pela manutenção do *status quo*. Para seguir em frente, o capitalismo precisa evoluir constantemente em termos visuais, de modo que possa continuar sempre vendendo as mesmas coisas. Com o trabalho realizado por mim e por outros, nós contribuímos constantemente para essa evolução. ■ Na verdade, não há uma decisão consciente de trabalhar "no limite". Essa não pode ser uma decisão deliberada. Tal como quando se fazem afirmações supostamente polêmicas, quando a gente se preocupa com isso a coisa talvez não passe de uma bravata. Tudo o que faço é explorar, da melhor maneira possível, as possibilidades do meu trabalho. Não sei se estou à frente dos outros, eu apenas faço as coisas do meu jeito. Quanto a manter o frescor, além de um desodorante muito bom, fabricado por uma multinacional que se aproveita dos salários miseráveis na Ásia e nesse processo destrói metade da floresta tropical (mas, que diabo, se cheira bem e, além disso, está disponível quando preciso em embalagens tão simpáticas, quem se importa?), eu apenas mantenho o meu interesse apaixonado pela vida, boa ou má, o que não é nenhum problema.

JONATHAN HOEFLER é designer de tipos e historiador diletante de tipografia. O trabalho editorial de Hoefler inclui projetos tipográficos para as revistas *Rolling Stone*, *Harper's Bazaar*, *New York Times Magazine*, *Sports Illustrated* e *Esquire*; na área corporativa, ele criou a família de tipos Hoefler Text para a Apple, hoje presente nos computadores Macintosh. Desde 1999 Hoefler trabalha em parceria com Tobias Frere-Jones na fundição digital Hoefler & Frere-Jones. Sua obra já foi exibida internacionalmente e faz parte do acervo permanente do Cooper-Hewitt, National Design Museum (da Smithsonian Institution), em Nova York. Em 2002, Hoefler recebeu o prêmio Charles Peignot, o mais prestigioso concedido pela Association Typographique Internationale (ATypI) e em 2013 ele e seu parceiro receberam a medalha de ouro do American Institute of Graphic Arts [AIGA].

Você começou a trabalhar profissionalmente com design quando ainda estava no curso secundário. Como foi que se tornou um designer tipográfico? O que me levou ao design gráfico foi a preocupação com a tipografia e a descoberta de que em lugar nenhum havia um programa de gradução nessa área. Por isso interrompi a faculdade por um ano a fim de descobrir o que queria fazer e nesse período trabalhei no Roger Black Studio, me dedicando à revista *Smart*, e depois no Font Bureau, sempre em áreas relacionadas ao desenho de fontes.

De onde surgiu esse impulso? Algumas pessoas são ligadas em esportes ou em moda – enfim, um dos motivos é que sempre gostei de desenhar. E também sempre gostei de usar computadores e trabalhar com programação. Quando o Macintosh foi lançado, em 1984, de repente havia uma ferramenta para fazer design gráfico que era acessível para mim, na época um adolescente.

Você tinha apenas catorze anos. Como teve acesso a isso? Meu vizinho tinha um. Eu costumava ir à casa dele para dar comida aos seus gatos e aproveitava para explorar o computador. Tinha interesse por tudo que se relacionava com a produção de imagens. Incidentalmente, quando estava no colégio, meu conhecimento do que envolvia o design gráfico provavelmente tinha mais a ver com o que havia sido a arte publicitária na década de 1930. Imaginava que iria fazer desenhos de carrocerias com rabos de peixe para Detroit. Não tinha nada a ver com design tipográfico nem com o uso de fontes.

Além do computador, o que mais o influenciou no início? A revista *Spy* foi um dos primeiros produtos que me fizeram notar o quanto a tipografia pode ser crucial no design de uma publicação. Nela, eu tinha consciência do modo como estava sendo usada a tipografia, mais do que em qualquer outra publicação.

E o que exatamente o estimulava tanto na *Spy*? Não acho que o design editorial na década de 1980 fosse especialmente espetacular, mas ali estava uma revista que ressoava em mim, tanto no nível editorial como no visual. Era uma tipografia bastante estilizada. O uso de Garamond 3, Metro e Alternate Gothic em um mundo que para mim estava marcado pela Franklin Gothic e Cen-

tury foi algo extraordinário.

Não quero exagerar o fato de sua precocidade. Mas você de fato sabia distinguir entre esses tipos? Esse é um assunto obscuro até mesmo para os artistas gráficos... Como eu morava a uma quadra e meia de uma [loja de materiais artísticos] Sam Flax na 20th Street, comprei por 6,95 dólares um catálogo de Letraset. No início essa era a única maneira de ter acesso a informações sobre tipos. Depois passei a trabalhar para um designer que alugava um espaço no Push Pin Studios, tive acesso à biblioteca de Seymour Chwast, e lá acabei xerocando todo o catálogo de 1923 da American Type Founders. Pouco a pouco fui aprendendo mais sobre tipografia, indo do presente para o passado – ou seja, primeiro as coisas digitais, depois as que envolviam filme, em seguida as de metal, depois detalhes tipográficos e caligráficos, e assim por diante.

Você começou como generalista. Quando passou a se especializar? Em 1990 fiz uma peça promocional com forte viés tipográfico – cartões com impressão tipográfica, com base em artigos que havia encontrado em velhos catálogos de tipos. A partir destes, digitalizei alguns tipos de madeira e distribuí os cartões na expectativa de conseguir trabalho como capista de livros ou de discos ou como letrista. O pessoal da *Rolling Stone*, como Gail Anderson e Fred Woodward, ficou interessado e me contratou como desenhista de letras. Na mesma época, Roger Black estava abrindo o Font Bureau juntamente com David Berlow – eles foram um dos meus primeiros clientes e eu fui um de seus primeiros empregados. Comecei fazendo toda espécie de trabalho relacionado com tipos, desde o escaneamento, passando por delineamentos, até um pouco de design. Tudo isso foi acontecendo ao mesmo tempo enquanto eu estava começando. No final estava fazendo trabalhos inteiramente tipográficos. **Como você aprendeu a desenhar letras?** Observando muito e fazendo o que parecia mais razoável. Trabalhei bem próximo de David Berlow nos primórdios do Font Bureau e aprendi muito com ele, não tanto sobre o desenho das letras, mas sobre o design de tipos, sobre a mecânica de projetar um tipo, que é diferente de desenhar uma letra. Isso foi crucial. **Qual é exatamente a diferença entre lettering e design tipográfico?** Bem, o lettering visa uma aplicação única; já um tipo tem de ser concebido para vários usos. O modo como se aborda um trabalho de lettering tem a ver com sua direção artística. Mas, quando se projeta um tipo, nunca se sabe como será usado. **Você diria que o design que fazia no começo tinha um viés de revivalismo?** Na verdade dependia do projeto. Algumas das coisas que estava fazendo requeriam a digitalização direta de artes-finais já existentes; é algo muito banal, mas tecnicamente proveitoso. A gente acaba aprendendo muito de tipografia ao reproduzir um trabalho feito no passado. Outras coisas tinham aspectos mais interpretativos – a partir de um design histórico anterior. Uma das primeiras coisas que fiz para Roger Black foi uma nova versão do Bodoni, na verdade sem ter ideia de quão complexo era, em termos relativos, esse projeto. Antes de tudo, implicava a seleção do material histórico, identificar os detalhes que valia a pena manter e aqueles que era melhor deixar de lado, assim como afinar uma percepção das qualidades do Bodoni que não estavam sendo adequadamente aproveitadas em suas versões contemporâneas. E, por fim, havia também projetos completamente novos, como uma série de tipos sem raízes históricas – pelo menos não de forma explícita. **Por exemplo?** Em 1996 fiz uma fonte para o Guggenheim que é um conjunto de três tipos não serifados. Não depende especificamente de nenhum estilo existente, mas é reconhecível pela altura-x reduzida, e por isso é agrupado juntamente com tipos como o Nobel e o Kabel. Mas espero que não tenha o ar da tipografia alemã da década de 1930. Espero que remeta apenas ao Guggenheim. **Essa é uma questão interessante. Dentro de um gênero, família ou estilo tipográfico que remete ou está associado a uma sensibilidade modernista de meados do século xx, como você faz para criar um tipo que reflita a sua própria época?** Acho difícil falar disso. É sempre assim quando me pedem que explique por que afinal preciso criar uma nova fonte. Há certas coisas que me interessam muito. Uma delas, como disse, é o modo como se desenvolvem as famílias de tipos. Não me agrada muito fazer tipos que sejam simplesmente redondo, itálico, negrito e negrito itálico. Meu interesse maior está nas famílias com vários pesos, ou nas famílias de tipos capazes de evoluir de modo inusitado – tipos que não podem ser substituídos por outros já existentes. No caso da fonte do Guggenheim, tratava-se de projetar ao longo de um eixo de peso que não se comportasse necessariamente como o Kabel ou o Nobel ao ficar mais espesso. Ela se comporta de outra maneira. Mas, claro, continua sendo um tipo. Em tudo isso, existem qualidades imponderáveis que tornam muito difícil qualquer explicação. Grande parte da atração é simplesmente estilística.

Que tipos você poderia citar que envolveram o abandono de precedentes históricos? Um exemplo é a família de tipos Fetish. Essa é uma das coisas mais especulativas que já fiz. Seria até razoável dizer que se trata de uma piada pós-moderna com a tipografia, mas também é um comentário sobre coisas que acho curiosas, não necessariamente censuráveis, mas questionáveis na tipografia contemporânea. A primeira versão, chamada Fetish 338, é uma tentativa de reunir todas as excentricidades que de algum modo passaram a ser associadas ao classicismo. Estou tentando comentar a prática da direção de arte, que emprega alguns elementos da tipografia clássica – caudatas, versaletes e detalhes tipográficos muito específicos – e os desvincula de suas funções originais, usando-os para outros objetivos, e

recorrer a essas estratégias no próprio tipo, e não em um trabalho de tipografia, para ver o que acontece. E é uma espécie de tipo adaptável. É explicitamente floreado e ornamentado, rococó e barroco ao mesmo tempo. ■ Esse é um dos tipos da série. O Fetish 976, para ser usado em listas telefônicas, também é uma espécie de brincadeira com o modo como os tipos são projetados para usos determinados.

Só por curiosidade, esses números são arbitrários? Quase todos. Eles surgiram porque a maioria dos diretores de arte que conheço têm um tipo predileto com alguma espécie de pedigree. É sempre algo como Caslon 540 ou Garamond 3. O sufixo 976 vem daqueles números telefônicos de informações, com ligações de "cinquenta centavos por minuto". E esse tipo foi projetado do mesmo modo que o Bell Gothic ou o Bell Centennial, voltado para um único uso bem específico; ambos têm um design muito interessante, pois foram criados para listas telefônicas e acabaram sendo muito usados nos últimos anos, bem ampliados, em publicações e até em sinalização. **Então, por mais estranho que pareça, o Fetish 976 foi concebido como um tipo funcional?** Foi projetado de tal modo que estetiza a função. Ele contém muitos aspectos da tipografia voltada para um uso específico. Tem detalhes como sifões de tinta [*ink traps*] que permitem a reprodução em tamanhos pequenos sobre papel ruim em impressoras offset. Mas, em vez de usar de modo funcional tais elementos, eles são estetizados. Uma vez decidido que o tema do tipo vai ser o sifão de tinta, este é usado de maneiras inteiramente desnecessárias, que parecem técnicas e funcionais, mas na verdade são ridículas em termos técnicos. **Para esclarecer os leigos, o que é um "sifão de tinta"?** No caso de muitos tipos em metal – e, suponho, também em fotocomposição e processos digitais –, quando se pretende que um tipo seja usado em tamanhos muito reduzidos é preciso evitar que a tinta se concentre em determinadas áreas, um canto, uma junção de dois traços e coisas assim. Acho que um dos motivos pelos quais um tipo como o Bell Centennial adquiriu tanta popularidade nos últimos anos é o fato de possuir essas coisas, que se tornam muito interessantes quando ele é ampliado para 72 pontos. Elas se tornam atributos estilísticos, deixando de ser meramente funcionais. Assim, no caso desse projeto, peguei uma fonte que obviamente não foi concebida para transmitir informação em seis pontos e incluí esses estranhos elementos funcionais, só para ver o que iria acontecer. Acho que o resultado ficou interessante. Coisas inesperadas ocorrem em consequência da colisão dessas duas estéticas: de um lado, o barroco e excessivo, e, de outro, o específico e técnico. **Você chamou esse tipo de "especulativo". Isso quer dizer "experimental"?** Escrevi um grande manifesto sobre isso na primeira edição – e espero que seja a primeira de muitas – do *Muse*, o meu catálogo de amostras, tentando desmontar o termo "experimental", que, na minha opinião, é empregado de maneira muito imprecisa em tipografia. ■ Às vezes, "experimental" não passa de um álibi. Lamentavelmente, tornou-se muito comum associar o termo a "inusitado". Hoje, um tipo experimental tende a ser aquele que não se assemelha a um tipo para uso em livros. Virou uma forma de bloquear toda discussão. Li um artigo sobre um dos tipos apresentados à Neville Brody, na *Fuse*, no qual o designer dizia que não podia ser avaliado segundo os critérios tradicionais por se tratar de um projeto experimental – na minha opinião, isso não passa de uma evasiva. Ou é uma obra de design ou é uma obra de artes plásticas. Caso seja ambas, claro que estou interessado. Porém, quando não se estabelece nenhuma distinção entre os tipos que podem ser usados para veicular palavras e aqueles que não podem, fica uma grande confusão. **Voltando ao seu trabalho especulativo, como você o define? Você sente que o Fetish 976 pode, e deve, ser usado?** É uma faca de dois gumes. Claro que fico decepcionado com as coisas que às vezes vejo por aí, pessoas usando o meu trabalho de um modo que não me parece muito cuidadoso. Por outro lado, há gente que compõe meus tipos de modo inesperado, e então é muito prazeroso. O que me deixa mais desconfiado é um tipo usado no vácuo, por um designer que não tem a menor ideia de como ele poderia ser empregado. **O que você adota como campo de prova? Você usa seus tipos em um ambiente tipográfico próprio?** Bem, tenho dois critérios principais ao desenhar um tipo. Primeiro, não quero desenhar nada que eu não consiga me imaginar usando, e é por isso que obviamente me afastei de certa estética. Segundo, tenho os meus clientes. A essa altura, grande parte do que faço é encomendada, e gosto que seja assim. Os interesses dos leitores são, na minha opinião, fundamentais e, evidentemente, os diretores de arte existem para assegurar tais interesses. **Você está se voltando para uma direção mais conservadora?** De maneira nenhuma. Agora mesmo estou me dedicando a uma nova série de tipos chamada Knockout. Ela surgiu como uma atualização da Champion Gothic, uma das primeiras famílias de tipos que desenhei para a *Sports Illustrated*. Estou fazendo essa nova série de versões para a mesma revista. Com esse tipo, estou tentando duas coisas ao mesmo tempo: fazer algo que seja incontestavelmente funcional – um designer que está fazendo um gráfico pode escolher um dos tipos e usá-lo sem ter de

KNOCKOUTKNOCKOUTKNOCKOUTKNOCKOUT
KNOCKOUTKNOCKOUTKNOCKOUTKNOCKOUT
KNOCKOUTKNOCKOUTKNOCKOUTKNOCKOUTKNOCKOUT
KNOCKOUTKNOCKOUTKNOCKOUT
KNOCKOUTKNOCKOUTKNOCKOUT

se preocupar muito – e também conferir a ele uma personalidade forte o bastante para que seja atraente no formato de cartaz. Há detalhes no estilo dessas letras que me tocam muito e espero que fiquem evidentes tanto em suas aplicações mais sóbrias como naquelas mais vanguardistas. E, claro, testo tudo antes de finalizar o trabalho. Isso tem a ver menos com controle de qualidade do que com diversão. Adoro brincar com os tipos recém-criados. Isso é, antes de tudo, o que me leva a fazê-los – possuí-los. **O nome Knockout vem do nocaute do boxe?** As referências ao boxe surgiram na época em que eu estava desenhando o Champion. Esse é um tipo com seis larguras distintas, e não há nenhuma morfologia adotada capaz de descrever a variação de pesos nesse sentido. Se varia a espessura da haste, a gente pode usar light, medium, bold, extra bold, coisas assim. Mas, para larguras distintas, há um punhado de termos, como "extended", "condensed" e "compressed", que não são usados de modo uniforme. Por isso decidimos adotar um sistema próprio, baseado nas categorias de peso adotadas pela Federação Americana de Boxe. No caso do Champion, ficou então "batamweight" [peso-galo], "featherweight" [peso-pena], "lightweight" [peso leve], "welterweight" [peso meio médio], "middleweight" [peso médio] e "heavyweight" [peso pesado]. O Knockout é uma versão aperfeiçoada e vai de "flyweight" [peso-mosca] a "sumo" [sumô], portanto ampliando a mesma ideia. E cada uma das nove espessuras também vem em ligas diferentes. Então há, por exemplo, "junior welterweight", "full welterweight" e "ultimate welterweight". **Qual é a sua atitude básica em relação a fazer novas versões de tipos já existentes?** Os tipos usados pela *Rolling Stone* são um bom exemplo, pois não são *revivals* explícitos para projetos novos. Toda a família é de tipos com serifas quadradas. Obviamente, foi projetada segundo critérios do século XIX e por isso tem uma aparência similar à das fontes da fundição inglesa Stephenson Blake ou de Herb Lubalin. Tem um estilo muito peculiar. Mas essa família de desenhos inclui os quatro estilos vitorianos: egípcio, gótico, latino [tipos com serifas triangulares] e grego [tipos com serifas retangulares em que as curvas são chanfradas], além de um conjunto de itálicos para todos, dois dos quais, o itálico romano e o itálico grego, jamais existiram historicamente. São míticos. E, para mim, o desafio de criar um itálico romano ou um itálico grego, de maneira historicamente compatível mas também nova, é a alma desse projeto. É uma forma de reinventar ou retrabalhar algo – talvez "reformular" seja um bom termo para isso – de modo a obter um resultado único, e não apenas uma adaptação do que já existe. E também é um desafio incrível. Descobrir maneiras de realizar coisas assim é o objetivo de grande parte da tipografia no último século.

É preciso mergulhar nos precedentes históricos. Como é esse processo no seu caso? Compro um monte de livros. Também sou membro da Association Typographique Internationale (ATypI), e vou ao seu congresso anual há quase uma década. No início, ele era frequentado em grande parte por fabricantes alemães de equipamentos de impressão tipográfica, assim como por calígrafos, entalhadores, pintores de emblemas que trabalham com folhas de ouro, webdesigners, criadores de tipos e programadores. Todas essas áreas e seus interesses específicos nutrem o design tipográfico, e não há nada tão proveitoso como participar de algo assim.

A fonte que você concebeu para a Apple está hoje em todos os Macintosh. Essa é uma enorme responsabilidade. Como foi essa colaboração com a Apple? Em 1991, conheci um engenheiro da Apple, e ele me contou que estavam trabalhando em uma nova tecnologia para fontes, que acabou sendo chamada de TrueType GX. Era uma tentativa de automatizar vários aspectos maçantes da tipografia: inserção de ligaturas, aspas automáticas e coisas assim. E como a minha fonte Hoefler Text tinha um conjunto bastante amplo de caracteres, pois estava mais impregnada da tipografia clássica do que da digital – tinha versaletes, caudais, ligaturas, caracteres antigos e todo esse tipo de coisa –, parecia uma boa candidata para ser incluída naquele projeto. E houve uma sinergia entre, de um lado, os interesses dos designers envolvidos – eu era um deles, Matthew Carter era outro, o Font Bureau e a Bigelow & Holmes – e, de outro, os interesses dos engenheiros especializados nas tecnologias de linha-e-leiaute, gente como David Alstadt, um dos pioneiros, e Eric Maeder, ambos os quais trouxeram seus interesses pela linguagem e pela tecnologia para o trabalho que estávamos realizando. A fonte para a Apple Computer era um desafio em parte devido ao seu tamanho e em parte pelo fato de ter de satisfazer mais aos engenheiros do que aos diretores de arte, que operam com um conjunto de noções muito diversas. Os engenheiros se preocupam menos com o estilo das letras e mais com a maneira como serão usadas e codificadas – e, para mim, esse também foi um bom desafio. ■ Houve situações maravilhosas. Estava conversando com um dos engenheiros sobre o modo como são usados os versaletes, dizendo "os versaletes *são* usados; lembre-se de que as maiúsculas destoam em códigos postais, em introduções ou em acrônimos, e assim por diante". Então ele perguntou o que se faz quando é preciso compor versaletes em itálico. Não consegui dar uma boa resposta além do uso de versalete redondo, que é o que Bruce Walter ou Updike teriam feito. Ele queria "versalete itálico", mas o fato é que nunca houve isso historicamente – ou nunca houve até a era digital –, por isso não parecia valer a pena desenhá-las. Mas eu não conseguia responder ao argumento dele, que era um argumento semântico do tipo "como seria se?", a não ser experimentando na prática. E o resultado é algo que nunca teria pensado por mim mesmo, e agora essa é a parte que mais gosto de uma fonte, o versalete itálico.

Em termos do seu próprio trabalho, o que seria, na sua opinião, um bom exemplo de resolução de problema em oposição a uma maquiagem? Bem, eu não aceitaria o trabalho se fosse uma maquiagem. Quando recebo a ligação de um cliente que diz "queremos a nossa própria fonte", já de cara eu pergunto o motivo. E, a menos que ele me dê uma boa resposta, desconfio da viabilidade da proposta. Na maioria dos casos a coisa não vai adiante. Grande parte é pura vaidade: o concorrente tem a sua própria fonte, e por isso o diretor de arte de uma revista também quer a sua. Se não há um motivo forte que compense todo o tempo que dedico a um tipo, prefiro não fazer. Mas se alguém me procura e diz "precisamos de uma família de sem serifa que possa ser usada em corpos grandes, em diagramações inusitadas nas quais pode haver palavras longas e passíveis de ser condensadas matematicamente" (como foi o caso da *Sports Illustrated*); ou se alguém diz "precisamos de uma família de tipos com a mesma largura de composição de modo que seja possível reaproveitar o leiaute quando passamos de uma fonte para outra" (como pediu o pessoal da *Rolling Stone*); ou, ainda, "precisamos de um tipo moderno como o Bodoni ou o Didot que possa ser usado em tamanhos muito, muito grandes e também muito, muito pequenos" (como solicitou a *Harper's Bazaar*), na minha opinião, são essas as interseções de tecnologia e estética mais instigantes e que valem a pena ser exploradas. **E como você aprende?** Por tentativa e erro, quase sempre. **Como é a sua curva de aprendizado?** É contínua. Não há nenhum tipo terminado a que não retornaria. Se tivesse tempo, refaria todos. **Mas isso não significa que o tipo tem problemas?** Não penso assim. Se alguém reclamar de algo, claro que vou procurar sanar o problema, mas isso ainda não aconteceu. A questão é outra: eu, como acho que ocorre com a maioria dos designers de tipos, mesclo distintos interesses ao conceber um tipo, e esses interesses estão sempre se ampliando. **Quando você fala de mudar isso e aquilo nos tipos que criou, a impressão que se tem é que todos eles, até mesmo aqueles que consideramos mais sagrados, poderiam melhorar com pequenos ajustes. Você acha que é assim mesmo?** Bem, parte da questão é: o que são esses tipos sagrados? Se alguém falar "é impossível aperfeiçoar o Garamond", o que ele quer dizer com isso? Os tipos metálicos feitos por Claude Garamond na década de 1930, ou o Garamond que conhecem a partir de um protótipo, ou ainda uma das sessenta versões digitais do Garamond? Onde está a essência Garamond, algo tão ideal, tão platônico, tão intocável? Na verdade, ela não existe. Em todo tipo há aspectos que são exemplares e merecem ser estudados, e até mesmo imitados, mas não há perfeição. Não há nada que seja insuperável. **O que você acha do grande número de designers que ficam famosos com apenas um tipo?** Acho ótimo. O Cheltenham é um caso assim. Bertram Grosvenor Goodhue era arquiteto e um dia teve uma ideia e a colocou em prática, e ela se tornou um dos tipos mais longevos da história. Bruce Rogers também fez apenas um tipo, ou dois, se a gente contar o Montaigne. Muitas figuras totêmicas na história da tipografia estão nesse grupo. E, em grande parte, nem sequer eram tipógrafos. Caslon fabricava armas. Baskerville vendia produtos de laca. Para todos eles, a tipografia era parte de um empreendimento comercial mais amplo, e foram eles que fizeram algumas das coisas mais duradouras. Por isso, sempre fico encantado ao ver um tipo feito por alguém de quem jamais ouvi falar. **O que você diria àqueles que estão convencidos de que já temos uma quantidade suficiente de fontes e não há necessidade de mais?** Acho que essa é uma questão estúpida. Ninguém diz, por exemplo, que temos uma quantidade suficiente de romances. Por isso, não vejo motivo para falar disso. Ao mesmo tempo, porém, como eu tentava dizer antes, criar mais tipos só por criar mais tipos não me parece uma boa ideia. **O que você acha desses tipos mais excêntricos, descritos como experimentais, estranhos ou esquisitos?** Alguns são ótimos. Outros, nem tanto. Em geral, qualquer um que tiver uma boa ideia sobre algo e conseguir exprimi-la em um tipo tem algo a dizer, e, se o resultado final é interessante para os designers e os leitores, então não há do que reclamar. **Isso tem a ver com o**

que estávamos conversando antes? Tem de funcionar no mundo real? Não acho que, para ser bom, o tipo precise ter algum tipo de vinculação com a continuidade histórica. E quem sabe se vai funcionar? Claro que tenho predileção por aqueles tipos que podem ser usados pelos designers e entendidos pelos leitores. Mas, sabe, as coisas variam muito. Na minha opinião, muitas das fontes atuais não passam de letterings adaptados. Não têm necessariamente vida útil além de um único uso, mas esse uso único pode ser suficiente.

Aos 27 anos, você alcançou uma sólida maturidade, realizando mais do que muita gente bem mais velha. O que ainda gostaria de fazer? Não sei bem. Acho que boa parte do que estou fazendo agora são tipos ou muito convencionais, como o Knockout, ou então muito especulativos, como o Fetish, e é difícil para mim conciliar esses dois interesses: criar um tipo que seja um experimento relevante e, ao mesmo tempo, tão versátil quanto coisas mais tradicionais que eu já fiz. Gostaria de avançar nessa direção, aproximar essas duas vertentes, e tenho algumas ideias para conseguir isso, mas ainda não tive oportunidade de colocar em prática, pelo menos em um ambiente comercial. Em parte, a minha revista/catálogo *Muse* e o varejo de fontes são maneiras de financiar esse trabalho e conseguir tempo para me dedicar a uma tipografia que talvez não seja usada por todo mundo.

DAN SOLO, ex-locutor de rádio e ex-aprendiz de tipógrafo, era o proprietário da Solo Type, uma das maiores coleções de tipos antigos dos Estados Unidos, sediada em Oakland, na Califórnia. Seu acervo, iniciado quando ele tinha catorze anos, chegou a reunir mais de 10 mil fontes, em madeira, metal, papel ou filme, publicadas em diversos livros e catálogos. Dan Solo faleceu em 2012, aos 84 anos.

Como surgiu sua obsessão pelos tipos? Fui ajudante de tipógrafo quando menino. Sempre adorei a impressão tipográfica. Na verdade, continuo sendo um menino tipógrafo. Quando eu tinha seis ou sete anos, meu avô me deu de presente uma impressora de brinquedo, que ele havia ganhado quando pequeno; e ela veio com uma pequena caixa de tipos fundidos. Embora não fossem suficientes para compor uma frase coerente, brinquei com ela até mais ou menos nove anos de idade. Nessa época extraí as amídalas, mas a operação teve complicações e tive de ficar de cama a maior parte do ano. Foi a melhor coisa que já me aconteceu. Nós tínhamos um vizinho que era impressor; ele levava para casa os próprios trabalhos que haviam dado algum problema, assim como outros que ele tinha corrigido, e me mostrava o que estava benfeito e o que não estava. Não há nada mais valioso do que isso para ensinar a alguém, seja qual for a profissão. Se você aprende a reconhecer um trabalho benfeito, então é capaz de fazer igual.

Logo você deve ter esgotado as possibilidades daquela prensa de brinquedo. Fui guardando dinheiro até conseguir comprar uma prensa manual, daquelas oferecidas em anúncios na contracapa da revista *Popular Science* e que diziam "Imprima os seus próprios cartões e papéis de carta".

Era o equivalente dos atuais programas de computador para diagramação? É, devia ser. Bem, eu tinha uma prensa que funcionava, mas aí vi que faltavam os tipos! O problema é que eles eram caros. Havia um fabricante local de tipos em Oakland e fui até lá, mas não consegui muita coisa com o dinheiro que tinha. Mas o sujeito que cuidava do lugar era simpático e sugeriu que eu visitasse os tipógrafos e perguntasse se tinham tipos para vender. Foi assim que tudo começou. Descobri um lugar que tinha seis caixas de tipos guardadas no fundo de uma oficina antiga e empoeirada. Paguei doze dólares por todos aqueles maravilhos tipos vitorianos cheios de floreados. **Por que eles toparam se desfazer desses tipos?** Porque estavam obsoletos havia cinquenta anos. E a única coisa que eu podia fazer com eles era imprimir cartões e coisas assim para os amigos. Eu saí batendo na porta dos vizinhos para conseguir encomendas. **Você estudou a estética dos tipos? Você leu D. B. Updike ou Frederic Goudy?** Só quando estava com uns dezenove anos. Nessa altura tinha já uma boa coleção de tipos antigos. Na mesma época, conheci uma pessoa que era um colecionador de tipos e tinha uma fantástica oficina de tipografia. Ele me mostrou todas as coisas que estava imprimindo com tipos antigos – cartões para amigos etc. – com um monte de molduras com linhas curvas. Esse foi um momento crucial para que me tornasse um tipógrafo, pois vi que ainda não havia feito nada de muito ambicioso com os tipos. **Aí você virou tipógrafo. Qual a diferença entre impressor, compositor e tipógrafo?** O compositor sabe como operar o equipamento; já o tipógrafo não está preocupado com o equipamento, e sim com a estética. Além disso, todos os tipógrafos acabam se interessando pela história da tipografia. **Todos os tipógrafos?** Chega um momento em que, se você é tipógrafo, também acaba virando um estudioso. Uma coisa depende da outra. Não dá para ser de outro jeito. Duvido que exista algum tipógrafo realmente bom que também não seja um estudioso por natureza. Talvez não entendam muito de outras coisas, mas todos sabem muito bem por que os tipos têm esse ou aquele desenho. Do modo como vejo as coisas hoje, agora que o computador acabou de vez com a velha impressão tipográfica, a tipografia caiu nas mãos dos designers gráficos. Antes, eles encomendavam os tipos e diziam ao tipógrafo o que queriam. Agora eles mesmos fazem tudo.

Isso significou uma queda dos padrões tipográficos? Como disse antes, quem conhece a aparência de um bom trabalho sabe como fazer igual. Mas aí tem esses jovens recém-saídos da escola (odeio ter de falar assim, pois fica parecendo que sou um velho rabugento), que jamais fizeram design ou tipografia sem ser com a ajuda de computadores. Todo o modo como eles pensam está estruturado em função da facilidade oferecida pelo computador. ■ Isso é ruim para a tipografia, pois muitos deles acham que, se o computador definiu os espaçamentos, então deve estar certo. Um tipógrafo não se contenta com isso. Em geral, os tipógrafos que conheço e usam computadores acabam imprimindo um trabalho três vezes – nas primeiras duas vezes eles fazem as marcações, indicando ajustes no espaçamento.

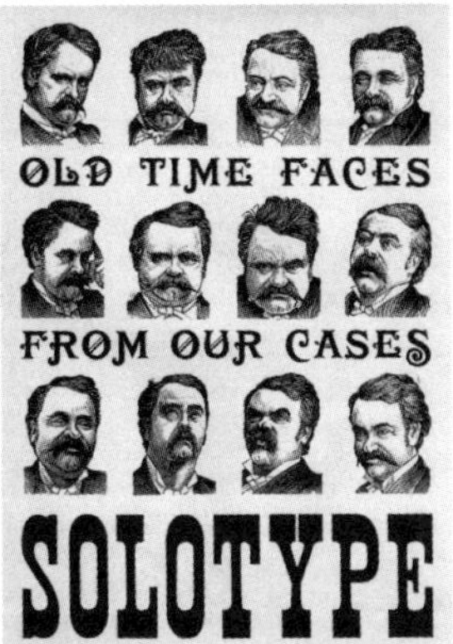

Você também coleciona artigos de publicações profissionais

das décadas de 1920 e 1930, como a revista *American Printer*, que contêm discussões inflamadas sobre a decadência de certos critérios. Na verdade, muitos dos tipos antigos que você vende hoje eram alvo de críticas. Theodore Low De Vinne, que era dono de uma gráfica que imprimia livros na virada do século [e um prolífico escritor sobre padrões tipográficos], era veementemente contrário aos tipos antigos decorativos, que considerava monstruosidades.

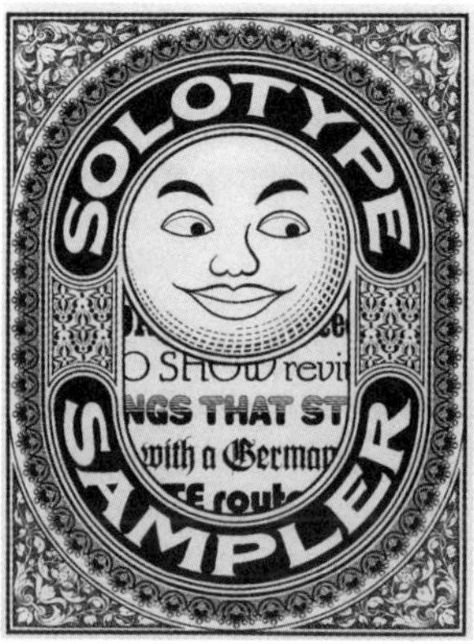

■ Em 1800, havia três modalidades de tipos: redondo, itálico e gótico. Depois surgiram os tipos *fat face*, e em seguida os efeitos sombreados tridimensionais e as letras delineadas com sombreamento. Por volta de 1816, Caslon, em um esforço para ser diferente, eliminou as serifas e fez um tipo sem serifa que acabaria sendo rejeitado. Ninguém quis saber dele. Era uma monstruosidade. Imagino que as monstruosidades dependem muito da época em que foram concebidas. **Mas as novidades acabam se difundindo, mesmo que por breves períodos.** Ao longo do tempo, as pessoas vão atrás de novidades e por isso surgiu o Toscano, com as hastes bifurcadas e coisas assim. Em 1839, aconteceu algo que mudou tudo, e acho que esse é um dos aspectos menos valorizados do que ocorreu na época vitoriana. Quem examina a literatura sobre fundição de tipos nota que há muita conversa sobre como as punções eram abertas, a punção de aço, a matriz, e assim por diante, mas não há praticamente nada sobre os clichês eletrotípicos [um método para a duplicação de tipos]. Nesse caso, abre-se uma matriz no metal – uma letra ou um padrão originais – e dessa matriz obtém-se um eletrotipo, a partir do qual são fundidos mais tipos.

E foi assim que se produziram muitos desses tipos. A partir dessa época, a quantidade de tipos produzidos com essa técnica foi dez vezes maior do que os feitos com punções. Com isso dá para ter uma ideia de como as coisas acontecem rapidamente: em 1842, George Bruce, um fundidor de tipos de Nova York, convenceu o Departamento de Patentes a criar uma nova categoria, denominada "patente de design", justamente porque queria patentear o design dos tipos para impressão, pois eles estavam sendo pirateados em todo o mundo. Depois disso, tornou-se costume patentear os tipos suficientemente inovadores – e hoje todas as patentes constituem uma poderosa fonte de informação sobre a fundição de tipos naquela época.

Tal como hoje, a tecnologia teve um impacto forte no design dos tipos. Era possível gravar com muita facilidade tipos sombreados e vazados. Dava para pegar um tipo já existente e extrair o miolo a fim de obter um tipo delineado, e produzir um novo conjunto de matrizes a partir de um pedaço de cada letra. Estou convencido de que não é possível indicar nenhuma categoria atual de design de tipos que não existisse na época vitoriana.

O que levou gente como De Vinne, Updike e outros a se queixar desses tipos? Por volta de 1890, era chocante. Havia páginas e páginas de amostras de babados e floreios.

Quem concebia

os tipos naquela época? Os impressores ou os tipógrafos? Não havia tipógrafos em sentido estrito. Eles simplesmente não existiam então. Era comum que o supervisor de arte de uma grande loja de departamentos reunisse os textos, indicasse o tamanho, e aí anotasse "Garamond" na folha de modo que o impressor soubesse o que ele queria. Em seguida, o impressor escolhia o corpo, a disposição, o espaçamento, o entrelinhamento etc. **A propósito, com toda essa improvisação, quando foram adotadas normas de padronização?** Foi em 1888 que a Type Founders Association [Associação dos Fundidores de Tipos] dos Estados Unidos decidiu que era preciso adotar um sistema uniforme de medida dos tipos. Até então, cada fundição tinha os seus próprios critérios. E ninguém queria mudar, pois seria caro demais adaptar todos os moldes. ■ Por fim, em 1888, resolveram instituir o sistema americano de pontos, que acabou sendo adotado na Grã-Bretanha. Há muita discussão sobre quem de fato o inventou. Mas acho que isso não importa. **E como isso afetou a qualidade do material impresso?** Isso tornou possível para um impressor usar tipos de várias fundições em uma única oficina, ao passo que antes ele preferia trabalhar com uma única fundição de modo que os tipos fossem compatíveis uns com os outros. Mas isso também afetou o modo de utilização dos tipos. ■ As fundições passaram então a anunciar que compravam os tipos antigos para reaproveitar o metal. Bem, isso ocorreu numa época em que estava havendo uma simplificação dos tipos decorativos. A primeira dessas simplificações, contudo, não foi exatamente como Updike gostaria. Foi o *art nouveau* – e eram tipos muito bonitos, como o Auriol e o Eckmann. ■ Além disso, os fundidores de tipos estavam sempre alguns anos atrasados em relação às tendências mais avançadas, pois era demorado desenhar e produzir os tipos. Mas aconteceu uma coisa interessante nesse período. Muitos dos tipos *art nouveau* parecem ter sido traçados à mão, com uma borda irregular. E o motivo é que na década de 1880 a fotogravura se tornou viável. De repente, surge um monte de letras manuscritas transformadas em tipos. Tornou-se um estilo intencional. Assim, a fim de competir com isso, sem ter de gastar com clichês e com o artista, o impressor adquiria esses tipos com aparência manuscrita. Bem mais tarde, quando gente como eu começou a montar suas coleções, a maioria desses tipos ornamentais tinha virado lixo.

Com que finalidade eram usados esses tipos ornamentais? Serviços corriqueiros. Na época vitoriana, havia uma espécie de regra para o uso da tipografia ornamental: nunca se iniciava uma linha com o mesmo tipo usado na linha anterior. Isso não significava que não se podia usar o mesmo tipo duas vezes, mas não podia ser na sequência. Eles acreditavam que a variação atraía as pessoas.

E eram os clientes que queriam assim? Não. Os impressores é que achavam que assim era mais vendável. Eles eram uma espécie de designers. E, se o cliente tinha sorte, topava com um impressor que era um *bom* designer. ■ Conheci um sujeito muito velho em São Francisco que havia montado uma tipografia na década de 1920 e alegava ter sido a primeira pessoa na cidade a se denominar tipógrafo – como um negócio distinto de uma pequena gráfica.

Fale um pouco sobre como você preservou esse tesouro de

material em metal e madeira. Décadas atrás comprei uma máquina chamada Phototypositor. E, embora jamais tenha me considerado um bom comerciante – na verdade, sou um mecânico –, acabei fazendo algo que deu muito certo. Projetei e mandei construir, e não saiu nada barato, um equipamento para fazer as fontes para o Phototypositor. E depois comecei a produzir fontes comercialmente. Mas deixei de lado esse ramo do negócio quando percebi que não queria fazer fontes; o que me interessava mesmo era a tipografia. Mesmo assim, fiquei com a máquina e, tão logo entendi como fazer a transição de tipos de metal e madeira para os fototipos, isso me abriu muitas portas maravilhosas. Portanto, agora tenho um suprimento inesgotável de tipos novinhos em folha.

Seu interesse pelos tipos antigos, como os que fazem parte de sua coleção, aumentou? O interesse mudou. Quando entrei nesse negócio, havíamos saído daquela chatice da década de 1950. Futura demais para o meu gosto. E Helvetica. Aí veio o Phototypositor e dava para fazer qualquer coisa, e comecei a receber encomendas enormes de muitos tipógrafos interessados em qualquer tipo antigo que eu tivesse recuperado. Agora os meus livros publicados pela Dover estão saindo bem. Porém, não sei de fato em que pé estamos porque o computador alterou muita coisa. Há muitos tipos que seria interessante ter no computador e que não estão disponíveis. Os estilos tipográficos vêm e vão. Mas não tenho como prever o futuro.

CHRIS PULLMAN

foi por 35 anos (1973 a 2008) vice-presidente de design na WGBH TV, uma emissora de televisão educativa e sem fins lucrativos de Boston que responde por cerca de um terço da programação do horário nobre do canal público PBS. Ele e sua equipe são responsáveis pela identidade visual da WGBH, expressa em títulos, créditos e animações, recursos promocionais e de vendas, materiais didáticos e mídias interativas. De 1982 a 1987 também esteve à frente de inúmeros livros, publicações e produtos criados pela WGBH e relacionados a seus programas. Em 2002 Pullman recebeu a medalha do AIGA por sua colaboração à prática do design.

Você está na WGBH desde 1973. Antes disso, já havia trabalhado em televisão? Não. Na verdade, quando comecei na WGBH, em outubro de 1973, eu nem sequer tinha um aparelho de televisão. **Qual é a diferença entre trabalhar para uma televisão pública e para uma rede comercial?** O principal objetivo da televisão pública é apresentar ideias ao público; já o da televisão comercial é, neste país, conduzir o público até o anunciante. Desde a sua inauguração, a televisão nos Estados Unidos foi concebida como um recurso de marketing. Não havia nenhuma alternativa à televisão comercial até 1967, quando o presidente Johnson promulgou o Public Broadcasting Act [Lei de Telecomunicação Pública], que destinava uma pequena verba anual para transmissões alternativas e sem publicidade. Essa é uma história muito diferente daquela que ocorreu em quase todos os outros países desenvolvidos – entre os quais a Inglaterra, o Japão, a Alemanha e a Suécia –, nos quais a televisão começou como um serviço público financiado pelo governo e só há relativamente pouco tempo passou a incluir um pouco de publicidade. ■ A distinção crucial entre a televisão pública e a comercial é que elas têm objetivos muito diferentes. Isso afeta de várias maneiras as questões associadas ao design.

A mais óbvia refere-se ao conteúdo. Em última análise, na televisão comercial a única razão de ser da programação é entreter o público-alvo entre os anúncios. Quanto maior é a audiência, mais os canais podem cobrar pelos intervalos publicitários. Todos os outros elementos – conteúdo, qualidade e custos – precisam manter essa equação. Embora o tamanho da audiência seja relevante para a televisão pública – afinal, por que não nos esforçaríamos para atingir o maior número possível de gente com uma ideia? –, esse não é o objetivo primordial que determina quais programas vamos fazer ou como lidamos com o conteúdo. **Claro que o dinheiro, sob a forma de recursos disponíveis, também é uma questão relevante. Qual o papel do design na busca por um público cada vez maior?** No caso das grandes redes e dos canais a cabo, são muito altas as apostas para ampliar o público e conquistar a sua lealdade, e por isso eles contam com orçamentos imensos para atrair os espectadores. O canal A&E [Arts and Entertainment] gasta mais com divulgação do que a PBS com programação, e mesmo assim eles têm apenas uma fração da nossa audiência. E a consequência dos grandes orçamentos é a tecnologia avançada. Em um negócio mercadológico como a televisão comercial, a diferenciação é crucial. Ser o primeiro comercial ou programa a usar os efeitos mais avançados é algo importante – atualmente é a tipografia à deriva, a câmera trêmula e as transições em Flash. Quando a gente vai à conferência anual da Broadcast Designers Association, o que se vê é que as redes e os canais a cabo dominam os recursos mais avançados e mais caros. Em muitos casos – como no noticiário local, que é a espinha dorsal das redes de televisão –, a técnica acaba tomando o lugar do conteúdo.

Há diferenças no design feito para a televisão comercial e no feito para a pública? Nos canais comerciais, os noticiários, a publicidade, a promoção e divulgação da afiliada ou da rede são as áreas com maior demanda por design. Embora a gente também faça esse tipo de trabalho, grande parte do nosso design é voltada para o material educativo, impresso e em mídias interativas, que complementa a nossa programação. As notícias e os esportes são menos importantes na televisão pública do que formatos como documentários, representações e programas infantis. Os noticiários e os programas esportivos, além de ser os gêneros televisivos mais dependentes de recursos gráficos, também são os serviços mais estafantes. Nos escritórios das redes e de suas afiliadas são comuns os departamentos repletos de "designers gráficos do noticiário". Se o objetivo fosse ajudar as pessoas a entender o que se passa, e usar a força da visualização para explicar as coisas, eu não faria nenhuma objeção. Mas na maioria dos casos estão produzindo imagens Paint-Box apressadas de bombardeios e episódios de violência doméstica, e isso em turnos noturnos e sem a menor recompensa psíquica. ■ De tudo o que eu faço, muito pouco não tem alguma relevância social ou educativa. É exatamente o oposto do que se vê na televisão comercial. É fácil se gabar disso, mas, no final das contas, sentir satisfação ao trabalhar nas grandes redes é algo que depende mais dos interesses e valores de cada um. Eu não trabalharia nessas condições.

Até onde vai o seu envolvimento – no material impresso, na propaganda, na identidade da emissora, na parte gráfica da programação? Fazemos tudo isso, e essa é uma das vantagens de ser designer nesse ambiente. Embora o nosso principal produto sejam os programas de televisão e rádio, a maior parte do trabalho acaba no papel. Como qualquer outro produto, precisamos levantar recursos para manter a programação, e isso envolve propostas e materiais para o pessoal de vendas. Uma vez assegurado o financiamento, aí nos debruçamos sobre os vários itens dos programas (letreiros, créditos, animações e mapas explicativos, embalagens para distribuição). Em seguida, há a etapa de divulgação para conquistar um público (chamadas durante a programação, publicidade, material para a imprensa, cartazes, objetos e camisetas). Também trabalhamos em uma área imensa e da qual pouca gente tem ideia: a do material didático (guias para professores, material para salas de aula, livros e revistas), de modo a ampliar a vida útil de um programa. E, desde o começo da década de 1980, fazemos o design do conteúdo para as mídias interativas: primeiro os videodiscos, depois os CD-ROMS e agora os sites.

Você foi o responsável pela abertura do programa *Masterpiece Theatre*, que virou um ícone da televisão pública. Como foi que o concebeu? O *Masterpiece Theatre* já estava no ar havia alguns anos quando entrei na WGBH. A sequência de abertura que foi veiculada é na verdade a terceira versão que fiz. A primeira era uma bandeira britânica tremulando em câmera lenta que se transformava no logotipo. No entanto, como a série foi deixando de ser britânica para se tornar cada vez mais internacional, a ideia foi acentuar o aspecto de adaptação literária. ■ Discutimos muitas possibilidades e chegamos à ideia de percorrer lentamente uma biblioteca sisuda e tradicional – possivelmente a biblioteca de Alistair Cooke, que na época era o erudito apresentador do programa. A trilha musical da série já estava bem consolidada (o rondó de *Symphonies pour les soupers du roy*, de J. J. Mouret), e portanto a estrutura das cenas seguia a do tema musical. ■ Passamos semanas convencendo amigos e parentes a emprestar primeiras edições de George Eliot e Charles Dickens – a maior parte eu consegui na biblioteca de obras raras em Princeton – e buscando os acessórios nostálgicos mais apropriados. As três cenas da abertura foram filmadas em um galpão em Nova Jersey, usando uma câmera com estabilizador, tipo *steadycam*, um modelo que era então o mais avançado e podia serpentear por entre os objetos bem de perto. A apresentação começa na lombada de uma encadernação de couro e termina em um fronstispício ornamentado com o título, que até hoje serve de logotipo para a série. ■ A atual abertura é uma atualização, feita em 1993, da ideia original da biblioteca, incorporando modestos efeitos

especiais que conferem animação a alguns dos quadros emoldurados à medida que são focalizados pela câmera (dessa vez usamos uma câmera de 35 milímetros com controle de movimento e recursos computadorizados, assim como o dispositivo de estabilização). Tudo isso com o objetivo de marcar o tom da série e evocar boas lembranças dos episódios anteriores. Mas acho que teremos de fazer outra atualização daqui a alguns anos. **O trabalho como designer gráfico na televisão exige que você conheça muito bem essa mídia?** Acredito que seja a mesma coisa em qualquer mídia: quanto mais a gente conhece as características específicas dela, melhor fica o trabalho de design. No caso de quase todos nós na equipe, fomos aprendendo na prática, mas, logo depois de ingressar na WGBH, comecei a notar tanto os pontos fracos como os fortes, em termos de design, que são intrínsecos à televisão. ■ Entre os inconvenientes mais óbvios estão o formato único (tudo tem de funcionar em um retângulo de proporção 4:3), a ausência de margem (enquanto no papel muito da ação ocorre em relação às margens, na televisão – com diferentes formas fixas e perdas na transmissão – não se pode contar com margens confiáveis, o que torna o centro da tela o melhor lugar, sobretudo para se colocar textos) e uma definição de cores que é muito pouco confiável (comparável às atuais dificuldades para acertar as cores nos computadores). Mas a maior diferença é que a televisão é uma mídia que vibra e tem baixa resolução, o que a torna um espaço muito ruim para tipografia, entre outras coisas. ■ Por outro lado, a televisão proporciona vantagens decisivas para um designer. O som é uma alternativa à tipografia para a transmissão de informação verbal – e muitos acham que a parte de áudio na televisão é mais poderosa que a visual para passar informações e emoções. O movimento pode compensar a baixa resolução, permitindo zooms e panorâmicas que rapidamente mudam a escala dos elementos e permitem o controle do ponto de vista. E, claro, em uma mídia de base temporal e linear (na qual são raras as interrupções, ao contrário das mídias interativas), é o produtor/designer, e não o espectador, que controla o ritmo, a duração e a transmissão de um conteúdo. Para o designer, o que está em jogo é a capacidade de contar histórias. Portanto, o que se exige dele é uma capacidade mais coreográfica do que compositiva. ■ Como qualquer outro meio de comunicação, a televisão é boa em alguns aspectos e ruim em outros. Basta ver o monte de documentários sensacionalistas sobre ocorrências policiais – para esse tipo de coisa a televisão é muito boa (emocional, imediata, barata). Porém, na televisão é difícil tratar de temas complexos, cuja argumentação não depende de imagens óbvias – como, por exemplo, explicar a crise no setor de saúde ou a reforma do sistema de seguridade social. Como disse Marshall McLuhan, há áreas inteiras de conteúdo que não podem ser bem expressas em mídias específicas, e portanto, pouco a pouco, a mídia predominante em uma cultura – em nosso caso é a televisão – vai começar a definir até mesmo aquilo que *conseguimos* pensar. Isso é meio assustador, mas acho que é verdade.

Qual foi o projeto televisivo mais desafiador de que você participou? Assim que entrei na WGBH, tive a oportunidade de ajudar a definir a personalidade visual da programação da produtora em Boston. Nós trabalhamos em cima de um programa de identidade corporativa desenvolvido pela Chermayeff & Geismar pouco antes da minha chegada e, nos cinco anos seguintes, fomos capazes de dar uma cara própria à energia eclética e confiabilidade da emissora por meio de intermináveis variações nos dígitos do canal. Aprendemos a fazer design para televisão ao longo desse processo de elaboração de uma personalidade institucional simpática e imprevisível. ■ Eu diria que *Vietnam: A Television History*, de 1983, foi um dos meus projetos mais exaustivos e desafiadores. Foi a primeira vez que participei de fato da equipe de produção, que era responsável pela sequência de abertura, assim como por todos os infográficos internos (quase todos mapas). Tal como na maioria dos nossos programas, desenvolvemos uma identidade para a série que aparece na sequência de abertura, e também é usada no conjunto de materiais impressos, promocionais e educativos que servem de apoio para os programas. Essa série em especial foi importante pois originou uma longa sequência de documentários históricos, entre os quais o nosso segmento histórico, *The American Experience*. ■ No início da década de 1980, durante os preparativos para o projeto, o Vietnã ainda era um tema espinhoso: próximo demais para ser abordado com tranquilidade, mas ao mesmo tempo era algo que precisava muito ser posto em discussão. E a maioria das figuras-chave ainda estava viva. Cada programa começava com a chamada de um ou dois minutos que anunciava os temas daquele episódio. Eu estava convencido de que seria um equívoco fazer uma sequência de abertura longa e heroica, montada com as melhores cenas de toda a série. As imagens eram tão fortes e autênticas que, na minha opinião, ficariam melhor ao longo do programa. Em vez disso, achava que a abertura deveria ser uma breve e enigmática porta de entrada entre a chamada e o início do episódio. ■ Mickey Hart, o percussionista do grupo Grateful Dead, havia concordado em fazer a trilha sonora da série (antes ele havia criado grande parte da trilha incidental do filme *Apocalypse Now*). Consequentemente, pensei em algo capaz de aproveitar a habilidade dele em evocar os sons da época, em especial o ruído arquetípico de um helicóptero. Imaginei então um ponto de vista a partir de um helicóptero sobrevoando a selva em baixa altitude e as palavras "Vietnam: A Television History" balançando na parte inferior. Reproduzi o movimento em uma maquete de isopor, e depois a fotografei com uma Nikon e usei as fotos para montar um *storyboard*. ■ Naquela altura a animação digital ainda estava nos primórdios (e era muito cara), mas achei que era a maneira adequada de criar essa paisagem surreal. Queria que ela fosse sugestiva, mas não explicitamente descritiva, com as letras lembrando uma pista de pouso iluminada e surgindo da escuridão sob a câmera. Convenci então a empresa Computer Image a aceitar o projeto por um preço compatível com o nosso modesto orçamento, e eles começaram a fazer os testes de movimento. ■ Enquanto isso, tracei um esquema de como imaginava que seria a dinâmica da trilha sonora e o entreguei, junto com o *storyboard*, a Mickey Hart. Ele produziu uma curiosa mescla de sons ocidentais e orientais, mixados com o trovejante ruído simbólico dos helicópteros em movimento. Os sons e as imagens se mesclaram perfeitamente (falando assim parece fácil, mas, como todos os projetos desse tipo, foi um sufoco até acertarmos tudo). Ainda fico arrepiado sempre que vejo as faixas alaranjadas e verdes piscando, passando rapidamente embaixo, como balas sinalizadoras na floresta.

Esse foi o trabalho de uma única pessoa visionária ou do membro de uma equipe? Em televisão, toda produção é muito complicada e sempre resulta de uma colaboração. Você depende de muita gente para colocar em prática o que imagina, mas, por outro lado, é preciso que alguém primeiro *imagine* alguma coisa. No caso de um programa, em geral esse papel é desempenhado pelo produtor. No entanto, quando a gente pensa nos problemas menores ou mesmo em questões globais como a aparência e o conteúdo da coisa, o designer pode desempenhar um papel crucial. Uma de suas funções típicas é ser o visualizador, a pessoa capaz de ajudar os outros a visualizar de antemão como algo pode ser: como uma estrutura pode se expressar, como um conceito abstrato (a ação dos anticorpos, por exemplo) pode ser visualizado, como uma série de vídeos pode ser unificada por um vocabulário visual comum. O designer também contribui para a especificação do texto que aparece na tela (fonte, cor, tamanho, comportamento) em títulos, créditos, identificações (de uma pessoa que está falando, por exemplo) e outros conteúdos, como ofertas de livros e vídeos, e, no nosso caso, de patrocinadores. ■ Mas não basta ter ideias, é preciso ter também a habilidade de fazer com que todos se empenhem na mesma direção e que a visão original não se perca durante o inevitável processo de alcançar o consenso e lidar com as limitações técnicas. E em muitos casos você não mexe com as ferramentas; em vez disso, recorre à sua capacidade para verbalizar o que é preciso fazer.

Em que mais o design para televisão se distingue do design estritamente gráfico? A televisão é uma mídia de conteúdo absolutamente efêmero. Passou, acabou. Por outro lado, ela tem um alcance incrível, comparado ao do impresso. Só como exemplo, 9 milhões de pessoas por semana assistem à nossa série de ciência, a *NOVA*, na PBS. A revista *Time* tem 4,1 milhões de leitores por semana; a *USA Today* chega a 2,1 milhões; a edição de domingo do *The New York Times* é lida por 1,75 milhão de pessoas. Recentemente calculamos que o programa sobre [o presidente] Truman, na série *The American Experience*, foi visto por um número de pessoas (15,25 milhões) quinze vezes maior que o de leitores do livro do David McCullough (1 milhão), que teve uma vendagem excepcional. E sete vezes mais pessoas assistem à PBS por semana (102 milhões) do que as que frequentam as bibliotecas públicas do país (15 milhões). Para o bem ou para o mal, a televisão é fundamental para a cultura. Portanto, para quem quer influenciar o maior número de pessoas, a televisão é o meio. ■ Ela também é uma mídia incrivelmente cara. Custa de 5 a 7 milhões de dólares produzir uma hora da série *NOVA*. E aí a gente ouve que a NBC gasta 13 milhões para fazer um único episódio da série *ER*. Em geral, quanto mais dispendioso um programa, menos ele pode ser controlado por uma concepção única e maior o risco de essa concepção ser diluída. Mas isso vai mudar com o barateamento das ferramentas de produção e com a proliferação de canais de distribuição. ■ A televisão é linear e só vale a pena para determinadas coisas. Ela é boa para passar uma impressão, exprimir uma emoção, fazer o espectador se interessar por algo, mantê-lo entretido, mas, por outro lado, não é muito boa para fixar a informação. A programação é em tempo real, não dá para selecionar; e, como a transmissão é única, é difícil recuperar o conteúdo. A televisão não é bidimensional, mas quadridimensional. Como já disse, no impresso a habilidade crucial para um designer é a composição; na televisão, é a coreografia. E é uma mídia inóspita para a tipografia, devido à baixa resolução e à predominância do som e da imagem. Mudanças recentes na tecnologia e, em certa medida, no gosto permitem que o texto adquira, com muito mais facilidade, um caráter dinâmico nos vídeos, e por isso estão surgindo coisas interessantes. ■ Em geral, a televisão trabalha com tipos de designers diferentes daqueles que são encontrados em mídias impressas. Pelo menos até recentemente, a maioria dos designers nos estúdios de televisão vinha da publicidade, da pós-produção (editores ou especialistas em Paintbox) ou da área de engenharia. Raros eram aqueles com uma formação "clássica" em design, centrada na tipografia. No entanto, quantas escolas, mesmo hoje, têm cursos de design para imagens em movimento ou para a tela que não sejam para a internet? ■ **No caso dos programas transmitidos pelo canal, você participa como membro de uma equipe. Você já se aventurou na direção?** Em televisão, "dirigir" significa algo diferente do que no cinema. Na televisão, o diretor é a pessoa encarregada de fazer com que todos coloquem em prática aquilo que foi concebido pelo produtor. Portanto, no fundo, o significado do termo é oposto ao do cinema, onde a criação fica por conta do diretor. Por isso, suponho que você esteja perguntando se já me aventurei a trabalhar como produtor. ■ Já aconteceu, sim, algumas vezes. Em coisas como letreiros e aberturas de programas, o designer atua de fato como um produtor. Na verdade, para a abertura do último *Masterpiece Theatre*, contratei Richard Greenberg para "dirigir" as sequências de controle de movimento da câmera, pois sabia que era a pessoa ideal para fazer isso. ■ Depois, no começo da década de 1980, eu me afastei por seis meses e escrevi (junto com Austin Hoyt, um produtor na WGBH) um pré-roteiro para uma série sobre design proposta pela NEA. Se tivesse sido aprovada, eu teria sido produtor/designer. Mas Spiro Kostof acabou conseguindo o patrocínio e fez um programa muito diferente, sobre arquitetura. ■ **O design para televisão é algo aberto? Quero dizer, enquanto são claros os limites do design gráfico, você acha que a televisão está sempre abrindo novas áreas que podem ser exploradas?** O aspecto de fato "aberto" na televisão é que ela é movimento, é som e é eletrônica – e logo vai ser digital. Os especialistas dizem que a televisão e o computador vão se mesclar, resultando em um único dispositivo de acesso às comunicações. Dizem, por exemplo, que vão diminuir cada vez mais as diferenças entre a TV e a internet. ■ Por enquanto ainda estamos na fase de aprender a produzir conteúdo para esse tipo de mídia híbrida. Quando planejamos um projeto grande, já levamos em conta de que modo o conteúdo básico – por exemplo, uma série sobre as grandes façanhas da engenharia na Antiguidade – pode ser mais bem expresso nos diversos canais de distribuição de que dispomos: a televisão linear, as mídias on-line (por vezes conectadas diretamente à transmissão televisiva), as mídias interativas off-line e as diversas aplicações gráficas em papel, que ainda costumam ser a melhor maneira de alcançar um grande público com um formato estável e de acesso universal. Cada uma dessas mídias tem as suas vantagens específicas, as suas maneiras próprias de transmitir determinadas ideias, mas não todas as ideias. Os produtores e os designers são obrigados a conhecer tais diferenças e saber utilizá-las em conjunto a fim de apresentar um tema de maneira coerente. ■ Em certa medida, o que chamamos de mídia impressa está envolvido nessa mesma evolução digital. No fim das contas, a internet hoje exibe principalmente textos, e ainda vai continuar assim por um longo tempo. O design para um meio específico vai se tornar cada vez menos comum do que o design para mídias híbridas nas quais varia o sistema de transmissão (papel ou tela). O design baseado "na régua" vai dar lugar a um conteúdo capaz de ajustar a si mesmo e ao seu formato de acordo com cada "dispositivo de acesso". Essa vai ser uma experiência estranha para a maioria dos designers, uma vez que não terão mais controle sobre a aparência final. O problema do design deixa de ser a concepção do leiaute correto e passa a requerer uma noção mais ampla de organização e hierarquia aplicadas a determinado conjunto de conteúdos.

Você pretende continuar a fazer o que vem fazendo ou está em busca de novos desafios? Essa é uma questão importante para mim. No próximo outubro, completo 25 anos aqui na emissora. Em 1973, disse a mim mesmo que ficaria por um período de três a cinco anos. Claro que várias vezes eu me perguntei se não era hora de tentar outra coisa. Em todas elas, porém, cheguei à conclusão de que não conseguia imaginar nenhum outro lugar tão interessante para trabalhar. Agora que todo o campo do design está se abrindo e deixando para trás a sua longa, solitária e estática associação com a mídia impressa, um ambiente como a WGBH é um lugar natural para experimentar as possibilidades de comunicação oferecidas pelas novas mídias, pois afinal todas elas já estão ali. ■ Claro que às vezes tenho vontade de projetar um belo livro do começo ao fim, de tirar uma licença para ficar só pintando ou escrevendo, ou de produzir um documentário próprio. Mas o grande desafio para mim é aproveitar ao máximo as oportunidades oferecidas por um ambiente de trabalho como este, e não ficar preso aos problemas corriqueiros e de curto prazo que precisam ser resolvidos até o fim do expediente. Por enquanto, pelo menos, sinto que ainda vale a pena participar disso.

NICHOLAS CALLAWAY fundou em 1980 a Callaway Editions, uma das editoras que mais valorizaram o design nos Estados Unidos. Entre os livros que publicou estão *Madonna. Sex* [1992], *Ferrington Guitars* [1992], *Cyclops* [1994], de Albert Watson; e *LaChapelle Land* [1996], por David LaChapelle. Depois de se formar em artes em Harvard em 1975, tornou-se o primeiro diretor da Galeria Zabriskie, em Paris, especializada em fotos antigas e contemporâneas. Lá, Callaway exercia múltiplas funções: pesquisava e era o curador das exposições; montava, emoldurava e instalava as obras; gerenciava a livraria; escrevia, editava e diagramava boletins, catálogos e exposições; cuidava dos contatos com a imprensa; agenciava o trabalho dos artistas; e tornou-se um divulgador da fotografia de arte em Paris no final da década de 1970. Em 1979, voltou a Nova York para publicar livros. Apesar de lançamentos bem-sucedidos, sofreu com a falta de recursos, o que o forçou a repensar o negócio. Continuou desenvolvendo conteúdo, garimpando talentos, projetando e produzindo livros, que seriam então publicados por uma editora parceira maior (e normalmente diferente em cada caso). Os livros de Callaway são casamentos exemplares de conteúdo e design.

A julgar por seus livros, desde aquele com as flores de Georgia O'Keeffe até o da sexualidade da Madonna, seu gosto é obviamente eclético. Como você descreveria essas predileções ou paixões? Elas têm a ver com as palavras e as imagens, tanto imóveis como em movimento, que podem inspirar ou surpreender. Aprendi a separar as minhas paixões pessoais das predileções como produtor. Em termos profissionais: as artes, sobretudo as mais úteis, como design, fotografia, moda, entretenimento infantil, cultura popular, golfe. Em termos pessoais: *revivals* da arquitetura grega, civilização do antigo Egito, textos sagrados tibetanos, música medieval, golfe.

Como editor de livros, você depende das editoras para colocar no mercado os seus projetos. Como você decide o que vale a pena

publicar? As ideias surgem de muitas fontes diferentes: artistas extraordinários que admiro e de quem vou atrás (Irving Penn), recortes de jornais (David LaChapelle), a seção Page Six [do *The New York Post*] (Madonna), um brinquedo de madeira que descobri ao sair em busca de um presente para a minha filha, que então era pequena (Miss Spider). Uma vez que se fica encantado com alguém, é questão de tentar pôr em movimento uma corrente de entusiasmo que começa com nossos coeditores. É um desafio complexo e instigante transmitir sua visão a alguém que muitas vezes ainda não tem ideia do que se trata.

O design gráfico é uma característica marcante de seus livros. Quais são as suas preferências em termos de design? Tento mergulhar no tema e descobrir o que ele pede em termos de design. Procuro não ter nenhuma preconcepção no que se refere ao design e adoro o fato de vivermos numa época com uma assombrosa diversidade de estilos. Gosto tanto do nosso livro sobre Stieglitz como do livro da Madonna, e na verdade eles não são tão diferentes quanto se poderia imaginar.

O livro *Madonna: Sex* [1992] foi bastante polêmico, e não só por causa do conteúdo e da embalagem metalizada. O design de Fabien Baron foi um dos pioneiros nessa tendência do livro como objeto. Quais foram os desafios que vocês tiveram de enfrentar nesse livro? A Madonna, o Fabien e eu queríamos fazer um livro-objeto que fosse completamente diferente de todos os outros livros, e isso desde o contato inicial do consumidor. Ele precisava ser envelopado de modo

a proteger os inocentes (pensamos até em fechos como os de diários), e também queríamos um modo de abertura que fosse uma espécie de penetração. A ideia do envelope de plástico metalizado (de um material chamado mylar, produzido por um fabricante de sacos para transporte de cadáveres) veio daqueles saquinhos de amendoim distribuídos em aviões. A ideia inicial era a de uma embalagem fechada a vácuo, bem esticada sobre a capa de alumínio e que, ao ser aberta, fizesse aquele som explosivo de ar escapando. Mas isso acabou não sendo possível. Queríamos uma impressão luxuosa e sensual, tanto em preto e branco como em cor, e tivemos de trabalhar com prazos muito apertados.

Desde essa abordagem, por assim dizer nova e inovadora, até o alto classicismo em *Alfred Stieglitz: Photographs and Writings* [1982], você já explorou muitos tipos de design. Como foi isso? O planejamento do livro do Stieglitz havia começado em 1946, no ano em que ele morreu, quando [Georgia] O'Keeffe reuniu todo o arquivo que ele tinha deixado e o doou a

cinco museus americanos; na época, ela também decidiu publicar um livro que fizesse justiça à grandeza da obra de Stieglitz. Quase trinta anos depois, eu a conheci em uma cerimônia de formatura em Harvard, na qual ela recebeu um diploma honorário. Sem que tívessemos sido apresentados, ofereci-lhe uma flor, que ela guardou durante toda a cerimônia. Um ano depois, eu tinha então dezenove anos, escrevi para a famosa reclusa, dizendo que planejava fazer uma viagem para fotografar o Sudoeste, e aí contei que eu é que lhe dera a flor. Algumas semanas depois, recebi uma carta em que ela dizia que sempre quisera saber quem lhe oferecera a flor. Naquele verão passamos vários dias juntos. Decorridos oito anos, uma semana após ter voltado da França para abrir a minha editora, peguei os trezentos dólares que havia guardado, fui visitá-la e perguntei-lhe se podia publicar o seu memorial para Stieglitz – apesar de jamais ter publicado um livro. Três anos depois ele foi lançado. Havia uma intenção deliberada de alcançar um novo padrão de fidelidade ao original na impressão. O livro ficou na gráfica durante seis meses; foram tiradas provas de máquina de todas as imagens antes da impressão final; o papel foi especialmente fabricado pela Mohawk de acordo com as nossas especificações de cor e textura; cada imagem foi impressa em tricromia de trezentas linhas em uma máquina monocromática, com a sobreposição das tintas feita a seco, de modo a reproduzir a cor e a gama de tons do original.

***Stieglitz* foi um exercício de contenção; já *LaChapelle Land* [1996] foi um exagero só, um *tour de force* de imagem e embalagem. Quais foram algumas de suas preocupações com esse livro?** Nesse caso queríamos ver até onde poderíamos ir: páginas sangradas do começo ao fim, tintas brilhantes, papéis brilhantes, verniz brilhante. Na parte externa David LaChapelle queria um efeito de outdoor, e aí pensei no grande artista gráfico japonês Yokoo Tadanori. Entrei em contato com ele – David e ele nunca se encontraram durante o processo – e Tadanori concordou em fazer uma colagem que

depurava o trabalho de David, juntando em um todo homogêneo o maior número possível de elementos que apareciam no interior do livro: uma mistura de *Sgt. Pepper's* e Banco Imobiliário tântrico. Quando viu uma versão inicial feita no computador, David fez um comentário perspicaz, dizendo que os computadores haviam deixado de ser o máximo e que ele sentia falta da textura manual e tosca dos trabalhos iniciais de Yokoo em serigrafia. Então escrevi a Yokoo e perguntei se ainda trabalhava com serigrafia. Dois meses depois, ele me enviou uma imagem extraordinária feita em serigrafia com trinta cores aplicadas manualmente, e foi isso que usamos na caixa. Como parecia ser o yin perfeito, pedimos a ele que fizesse o yang, agora para a capa. E ele fez. O desafio seguinte foi reproduzir a serigrafia com trinta cores no processo de impressão colorida em offset. Convencemos a gráfica a fazer doze cores pelo preço de quatro.

Em geral, o casamento entre design e conteúdo que você promove é muito bem-sucedido. O que o levou a promover a união de David Carson e Albert Watson em *Cyclops* [1994]? Fazia anos, desde *Beach Culture*, que eu admirava David Carson, e já tínhamos pensado em trabalhar juntos em vários projetos, mas foi Albert quem primeiro sugeriu David, pois sentia que ele poderia proporcionar um contraponto mais "rock-and-roll" à monumentalidade gráfica das fotos. Eu diria que o resultado final, em termos de direção de arte, se deve a ambos em igual medida.

***Ferrington Guitars* [1992], projetado por Skolos/Wedell, marcou, pelo menos para mim, o começo do que se pode chamar de "pacote completo" na produção de livros. Como surgiu esse livro?** Conheci Danny Ferrington na casa de Linda Ronstadt quando estava fotografando um dos quadros feitos por O'Keeffe para *One Hundred Flowers* (1987); ele estava trabalhando como assistente dela. Fiquei tão fascinado pela sua mistura de gênio natural e charme sedutor que ali mesmo decidimos fazer um livro. Levou cinco anos para ficar pronto. No meio do caminho, a revolução do CD chegou com tudo, e eu disse a Danny que seria um pouco como um *coitus interruptus* para o leitor ver todas aquelas belíssimas guitarras e não poder ouvir o som delas. Afinal, uma guitarra – ou qualquer outro instrumento musical – fica ao mesmo tempo muda e latente até que seja trazida à vida pelo músico. Por isso, decidimos produzir um álbum de músicas originais, compostas e tocadas especialmente para o livro.

Como você lida com os designers? Você deixa que trabalhem à vontade ou prefere que criem a partir de suas diretrizes? No caso do livro das guitarras, fizemos muitas experiências com diferentes profissionais até que me lembrei de uma série de cartazes extraordinários feitos para uma gravadora por uma dupla da qual jamais ouvira falar – Nancy Skolos e Tom Wedell – e eles foram impecáveis e perfeitamente entrosados: ela como designer e ele como fotógrafo de objetos. Eu disse que não queria um livro que só mostrasse os instrumentos, mas sim que de algum modo simbolizasse, exprimisse e fosse a música. Eles quase se mataram de tanto trabalhar, mas acabaram concretizando a nossa ideia. Em muitos casos, passamos uma direção criativa e alguns critérios – faixa de preços, especificação de formato, a aparência geral – e então vemos o que os designers conseguem fazer a partir daí. Isso significa que com frequência experimentamos vários designers antes de encontrar o mais capaz de fazer a junção apropriada de forma e conteúdo.

Quem são os melhores designers de livros? Os melhores são aqueles que entendem profundamente as possibilidades expressivas singulares da página impressa do livro, trabalhem ou não predominantemente com livros. Posto isso, o bom design é o bom design, e muitas vezes tentamos atrair designers de outras mídias para que tragam uma nova perspectiva ao projeto de livros. A maioria dos designers tem interesse em fazer livros, mesmo não sendo uma atividade bem remunerada, e não tem oportunidade de trabalhar em bons projetos; por isso, há uma grande reserva de talentos a que podemos recorrer. E quanto mais, melhor!

Você acha que o design tem impacto relevante no desfrute do livro pelo consumidor? Não tenho a menor dúvida. Esse é um fato ainda negligenciado pela maioria das editoras, em contraste com quase todos os outros produtos de consumo, da moda aos carros, dos computadores aos aparelhos eletrônicos.

Vamos falar um pouco da série *Miss Spider*, de David Kirk. Em um mercado tão competitivo como o dos livros infantis, que aspecto desse projeto cativou você? David é um artista visionário e genial. Percebi isso assim que vi um de seus brinquedos. Eu era um consumidor novo no mercado de brinquedos e estava atrás de presentes para o primeiro Natal da minha filha, explorando as prateleiras da loja Toys "R" Us, onde fiquei chocado com o péssimo design, a péssima qualidade dos brinquedos, as embalagens medonhas. Decidi então dar uma passada na Mythology (que não existe mais), uma loja inusitada no Upper West Side, em Manhattan, e fiquei fascinado por um brinquedo de puxar chamado Sneaking Baby Alligator. Tudo nele era original e estava na cara que havia sido imaginado por alguém muito especial, singular e criativo – e não por um grupo de marqueteiros. Era de fato brilhante, com cores intrigantes, uma concepção maravilhosa, e vinha em uma caixa com uma etiqueta pintada que estimulava a imaginação da criança ao mostrar o brinquedo tridimensional contextualizado numa historinha. Fez um sucesso enorme e imediato com a minha filha. Fiquei curioso para saber quem estava por trás daquela empresa, Hoobert Toys, e resolvi ligar para lá e pedi para falar com o presidente. O próprio David Kirk atendeu e disse: "Sou eu mesmo". Disse a ele o quanto a minha filha e eu havíamos ficado impressionados com o brinquedo e perguntei quem tinha pintado a embalagem. "Eu mesmo, eu costumava pintar antes de fabricar brinquedos", respondeu. Perguntei então se já havia pensado em ilustrar um livro infantil, e ele disse que, na verdade, tinha já um livro pronto. O título era *Miss Spider's Tea Party*, e era sobre uma aranha solitária e suas aventuras para fazer amigos. "Você tem uma editora?", perguntei. "Tenho", respondeu, desanimado. Sem saber o que dizer em seguida, não me contive e perguntei: "E está satisfeito com essa editora?". Aí ele me contou que não estava, pois havia recebido um adiantamento mínimo, e depois o editor com quem conversava o deixou na mão, ao se mudar para outra editora, e desde então não o procurara mais. Pedi que me mandasse o material que tivesse, e esse foi um momento do qual nunca vou me esquecer, porque sabia que ele era literalmente um visionário – não se notava nenhuma hesitação, nenhum esforço em seu trabalho; ele conseguia traduzir em linhas refinadas e perfeitamente acabadas todo um mundo que existia apenas em sua imaginação. **Como você descreveria a visão de Kirk?** É como se David tivesse uma ligação direta com o inconsciente coletivo das crianças. Quando depois vi os seus quadros a óleo, fiquei igualmente atônito com sua beleza e destreza técnica. Não era apenas um ilustrador, mas um grande artista transcrevendo o mundo de sua fantasia. Liguei de volta para ele e disse que era um dos livros infantis mais incríveis que já vira, e comentei que não gostaria de interferir em seu relacionamento com a editora, mas como este não estava indo muito bem, que tal se procurássemos a editora e fizéssemos uma proposta para que o liberassem? Ofereci a ele um adiantamento quatro vezes maior do que havia recebido. Como era mais do que David tinha ganhado em um ano, claro que ele adorou. Então conversamos com a editora e eles o liberaram. Quatro anos e três livros depois, a série *Miss Spider* tornou-se, dentre os livros infantis não associados a filmes ou programas de televisão, os mais bem-sucedidos atualmente. David e eu somos sócios em uma empresa de entretenimento familiar, a Callaway & Kirk. Quatro outros livros estão no prelo (desta vez sem bichos), além de três outros títulos da *Miss Spider*, dois filmes de animação digital (um deles estrelado pela Miss Spider) para a Universal, um CD-ROM de alfabetização para a editora Scholastic e muitos brinquedos. **Em termos criativos, você nota uma expansão ou uma contração no setor dos livros infantis?** De um total de cerca de 5 mil livros infantis publicados a cada ano, apenas uns dez me parecem interessantes. Não noto uma expansão da criatividade, sobretudo quando se leva em conta o enorme potencial existente. Mas estamos fazendo a nossa parte.

Qual é o futuro dos livros e do design editorial? As tecnologias associadas à criação de imagens, ao design, à pré-impressão e à impressão estão todas sendo aprimoradas. Já a criatividade e a excelência continuam tão raras quanto no passado. Os livros não vão desaparecer, mas vão ocupar outro lugar.

GEORGE LOIS, filho da "revolução criativa" da década de 1950, foi o pai da "Big Idea" na publicidade americana durante a década. Fundada por ele em 1960, a agência Papert Koenig Lois era a "segunda agência criativa" do mundo, desafiando a hegemonia da Doyle Dane Bernbach. As iconoclásticas campanhas concebidas por Lois para a Xerox, a vodca Wolfschmidt, o antigripal Coldene, o cereal Maypo e dezenas de outros produtos estão entre as mais memoráveis daquela época e conquistaram justificadamente um lugar na história da publicidade. Lois é uma massa crítica de forças culturais e políticas, um entusiasta da arte e um militante de esquerda que colocou a sua habilidade como publicitário a serviço de causas sociais e candidatos políticos. Ele usa sua intuição de publicitário para disseminar ideias controversas. Entre as suas diversas intervenções, a mais duradoura foi a concepção e o projeto das capas da revista *Esquire* no final da década de 1960 e início da seguinte – comentários gráficos que hoje se tornaram alguns dos ícones mais memoráveis de uma época de mudanças políticas e sociais. Nascido em 1931, tinha 67 anos à época desta entrevista e esteve à frente da Lois/USA por mais de duas décadas, onde foi um modelo da Grande – e Inteligente – Ideia. Lois tem diversos livros publicados, entre eles *$elebrity* [2003], *George Lois: on his Creation of the Big Idea* [2008] e *The Esquire Covers* [2009], publicado por motivo da incorporação das capas ao acervo do Moma. **Você cresceu em Nova York, em uma família de imigrantes gregos. Seu pai era florista e você trabalhava como entregador para ele. Como se interessou pelas artes gráficas? E pela publicidade, em especial?** Quando eu ainda estava na escola primária no Bronx, ficava mais animado ao ver um cartaz de Cassandre do que um quadro de Stuart Davis. Além disso, eu desenhava muito bem, e também fui muito precoce ao me interessar pela história da arte. Para você ter uma ideia, eu tinha um cartão-postal de um ídolo cicládico de 3500 a.C. ao lado da cama.

E o que o levou a se inscrever em uma escola de arte? Aos doze anos tive uma excelente professora de arte, a srta. Ida Engel, e uma vez ela me perguntou se eu tinha dinheiro para tomar o metrô. Eu disse: "Tenho, sim, senhora. Por quê?". Ela então respondeu: "Quero que você esteja às onze horas na High School of Music and Art e preste o exame de admissão". Aí me entregou uma pasta, que tinha comprado por quatro ou cinco dólares – na época era muito dinheiro –, com cerca de oitenta desenhos meus que ela havia guardado ao longo de três anos na escola pública. Ela insistiu para que eu fizesse o exame. E fui aceito. **E o seu pai, ele também o incentivou?** Não. Na verdade, o meu pai estava muito preocupado porque eu ficava desenhando o tempo todo, e isso não lhe parecia muito masculino. Todo dia eu saía, comprava os jornais, custava dois centavos cada um, e os levava para a loja do meu pai, para desenhar as manchetes em três dimensões. Não sei o que me levava a desenhar, mas tinha a certeza de que havia inventado a perspectiva. Lembro de ficar espiando pela janela e notando que um prédio estava aqui, outro ali, um terceiro mais adiante... e do meu ponto de vista, de onde eu estava, sentado junto à janela, eu espiava a rua e só um idiota não veria a perspectiva estendendo-se até um ponto de fuga. Se tivesse nascido no século XIII, eu teria inventado a perspectiva antes dos pintores de Siena!

E o interesse por design gráfico? Na High School of Music and Art havia professores vindos da Bauhaus. Eu fazia projetos com essa influência, mas sempre introduzindo palavras. Na verdade, eu tinha já uma mentalidade de designer. Lembro que no primeiro ano fiz um cartaz sobre a Suíça. Arrumei uma foto dos Alpes suíços e, em seguida, peguei um papel amarelo e fiz nele vários buracos, criando montanhas de gigantescas fatias de queijo suíço. Sempre estava em busca de ideias visuais.

O que se fazia em publicidade naquela época e o que o atraiu para essa área? Paul Rand era Deus para mim naquela época. E ainda é.

Você ainda estava no ensino médio e já sabia de Rand. Mais importante, porém, é que sabia exatamente o que queria fazer da vida. Depois você foi para uma faculdade de arte? Fui para o Pratt Institute no Brooklyn. Enquanto fazia o colégio, trabalhava de dia e de noite na loja do meu pai. Quando terminei, continuei indo com ele ao mercado de flores às quatro da manhã. Aí, no dia 4 de setembro, ele veio ao meu quarto e disse: "George, são quatro horas, vamos ao mercado". Então respondi: "Hoje não posso ir, papa". Ele me perguntou o motivo e eu disse: "Hoje é o meu primeiro dia na faculdade". Foi assim que disse ao meu pai que não iria assumir a floricultura. Ele deve ter ficado muito abalado, mas não me disse nada.

E a faculdade foi tão recompensadora quanto o colégio? O primeiro ano foi terrível, pois era o curso básico e não ensinavam os fundamentos do design tão bem quanto na High School of Music and Art. Ou talvez naquela altura eu já fosse muito sofisticado. A maioria dos professores não tinha ideia do que estava fazendo. Seja como for, eu era uma espécie de lobo solitário. No segundo ano, tive aulas com Herschel Levit, que era um excelente professor. Ele falava de música, dança e comida, e discutíamos maravilhados os trabalhos de Rand. O sr. Levit dava um tema e eu voltava com seis peças finalizadas enquanto o resto da classe se esfalfava para terminar a primeira. Eu nem ia às outras aulas, com exceção das de desenho com modelos-vivos. Por fim, Levit me procurou depois das férias de verão e disse: "George, você precisa sair daqui". E aí me deu o telefone de Reba Sochis.

Quem era Reba Sochis? Ela tinha um estúdio de design. Reba e Cipe Pineles foram as primeiras diretoras de arte a trabalhar na área, e ela também foi a primeira mulher na cidade a dirigir um estúdio, comandando trinta homens. Era uma designer maravilhosa, com um toque sutil para lidar com tipografia. E na época ela precisava de um jovem talentoso.

Esse foi o seu primeiro emprego e você nem mesmo havia terminado a faculdade. O que fazia na época? Peças promocionais, embalagens e caixas muito elaboradas para coisas como os zíperes Talon. A propósito, ela fazia questão de que, ao fazer o lettering, a gente desenhasse cada letra com o pincel, e isso com todas elas, fossem de 72 ou de oito pontos. Cara, se você não aprendesse depois disso... **Você sempre se destacou pelo comprometimento político. As suas posições de esquerda, tal como a paixão por arte e design, também se desenvolveram nesse período?** Reba e alguns de seus amigos me influenciaram muito nesse sentido. Sou um humanista com um pouco de comunista. Odeio as desigualdades do sistema e as injustiças que continuam a existir nos Estados Unidos. Eu me preocupo com a classe trabalhadora. Isso sempre foi muito importante para mim, sabe – como lutar em favor de Ruben Carter, o "Hurricane" [Lois promoveu uma campanha que contribuiu para a revisão da condenação por homicídio do ex-boxeador], distribuir panfletos diante das fábricas sendo xingado por todos os caras. Reba consolidou isso que havia em mim, e muitos dos seus amigos – Paul Robeson, W. E. B. DuBois e Alger Hiss – que também se tornaram meus amigos. Eu estava de acordo com tudo o que diziam: direitos humanos, injustiça racial, a Primeira Emenda, os ataques da direita contra as nossas liberdades fundamentais. O macarthismo foi uma terrível mácula na história americana, uma época terrível para o país. **Com tais inclinações políticas, você não via nenhuma contradição em trabalhar com publicidade?** Você quer dizer ajudando a vender mercadorias capitalistas? Não. Para mim, o trabalho sempre teve a ver com comunicação, design, convencimento. **Quando estava no estúdio de Reba Sochis, você foi convocado para o Exército, serviu na Guerra da Coreia (onde foi rebaixado de posto, pelo que sei) e voltou ileso a Nova York com**

21 anos. Aí foi trabalhar na emissora de televisão CBS, para o lendário diretor de arte William Golden. Foi um desvio em seu caminho para a publicidade? Naquele tempo a publicidade era basicamente uma atividade de quinta categoria. Quem quisesse fazer algo com alguma qualidade tinha de trabalhar para uma agência de moda, mas mesmo elas não tinham ideias. Tudo o que faziam era melhorar a aparência das coisas. Eu não teria aguentado um dia. A CBS não era bem um trabalho de publicidade, nesse sentido. Procurei o Lou Dorfsman [diretor de arte no setor de rádio da CBS], e ele me apresentou a Bill Golden, que havia anos estava atrás de um novo designer. Consegui o trabalho no ato. ■ Um mês depois de ter voltado da Coreia, eu já estava trabalhando em uma posição invejável quando o FBI entrou em contato com Golden e disse que eu era comunista, obviamente com a intenção de que me botassem na rua. Bill me tranquilizou e subiu para conversar com o seu chefe, o dr. Frank Stanton [o presidente da CBS], que me fez algumas perguntas, como "É verdade que você é um veterano da Coreia?". Quando confirmei, ele disse "Bem, não precisa se preocupar e pode voltar ao trabalho". Na época, a CBS era um bastião libertário. Deram trabalho também para o artista Ben Shahn, que estava sendo perseguido pelo FBI. Por fim, Edward R. Murrow ajudou a derrubar Joe McCarthy. **E o que você fazia na CBS?** Se Frank Stanton e William Paley [presidente do conselho da CBS] tinham feito um discurso, eles passavam o texto para mim, e eu o transformava em um belo livro. Além de criar cabeçalhos, logotipos e peças promocionais para os programas, como o grande *Playhouse 90*, fiz centenas de chamadas. Fiz os primeiros anúncios para *Gunsmoke*, o *Johnny Carson Show* matutino, *The Phil Silvers Show (Sergeant Bilko)* e *The Ernie Kovacs Show*. Em geral, reescrevia o texto dos redatores, que iam reclamar com Golden. Mas ele dava uma olhada no que eu havia feito e dizia: "George, por que você mesmo não escreve isso, e a gente esquece esse pessoal?". Por aí se vê como era incrível o apoio que me dava.

Se não fosse por Golden, a CBS teria sido esse gigante do design? Se não fosse por Golden e por Frank Stanton – Stanton era o cliente dele. Todo mundo com talento queria trabalhar lá.

É verdade que você desenhou a fonte oficial da CBS? Golden queria que eu redesenhasse o Didot Bodoni. Ele não queria que as pessoas achassem que havíamos usado um tipo já existente, queria algo exclusivo da CBS. Não há nada mais belo do que o Didot Bodoni. Então fiz uma ampliação, introduzi pequenas alterações e conferi a ele um pouco mais de estilo (ou o que eu achava que era mais estiloso). Fiz seis letras para mostrar a Bill que direção estava tomando: *A*, *B*, *C*, *D*, *E*, *F*. Golden adorou e mandou que eu mesmo fizesse a arte-final, desenhando manualmente as letras. Fiz uma por semana. Isso foi razoavelmente fácil. Os números é que foram um problema! Mas no final ficaram muito bons.

Houve algum trabalho em especial, de publicidade ou promoção, que você considera um divisor de águas? Algo que revelou o seu estilo, aquilo que iria se tornar a sua marca registrada? Teve um em particular quando estava no ar o programa *The $64,000 Question* [o mais popular programa de perguntas da CBS, que seria investigado por improbidade pelo Congresso americano]. Um dos participantes, um padre, estava indeciso se iria ou não para a etapa final, na qual a pergunta valia 64 mil dólares, e precisávamos de um anúncio especial para divulgar o programa. Todo mundo havia ido embora naquela noite, mas Kurt Weihs e eu, como sempre, estávamos lá trabalhando. Aí um fulano da programação entrou correndo e disse: "Precisamos de um anúncio para sair no *The New York Times* de amanhã". Fiz então um anúncio que mostrava uma foto do padre e embaixo a frase: "Será que ele vai levar os $64.000?". Não coloquei o logotipo da emissora, nem o horário em que o programa iria ao ar. Nada. Quando o entreguei ao cara da produção, ele perguntou na lata: "E o logotipo? Tem de ter o maldito logotipo". Eu disse: "Manda ver assim mesmo". Na manhã seguinte, o mundo caiu.

Você cometeu o pecado da omissão? Golden me perguntou como pude fazer tal coisa! Aí eu disse: "Bill, é um anúncio ótimo. Não precisa do logo, nem do horário. Todo mundo sabe do que se trata. É muito forte". Aí ele disse: "Deus do céu, você é muito bom, mas não pode fazer isso!". Nesse momento senti que o havia decepcionado e que não deveria ter feito aquilo. Vinte minutos depois ele entra na minha sala e diz que todo mundo estava adorando a peça, pois Stanton e Pailey estavam recebendo ligações elogiosas de várias pessoas importantes na cidade.

Como você situa essa peça em relação ao que fez depois? O que torna o seu trabalho, na época e agora, distinto dos outros? Gosto de fazer coisas que mudem a cabeça das pessoas.

O que isso significa exatamente? É a força da persuasão ou a técnica de venda? É a força de um espírito e um olho famintos. Naquela altura, eu queria era fazer coisas que vendessem pães ou carros ou viagens aéreas. Meu maior desejo era participar da mudança da cultura, mas segundo os meus próprios termos.

Então você saiu da CBS e foi para o centro nervoso da publicidade? Fui convidado para ser o diretor-chefe de arte encarregado da conta da American Airlines, na agência Lennen & Newell, ganhando três vezes mais do que recebia na CBS. Aí comecei a fazer anúncios como ninguém tinha visto até então. Foi um grande início para mim. Produzi peças instigantes e inovadoras como se fosse uma linha de montagem. Tinha anúncios cobrindo todas as paredes e até no teto. Como a American Airlines passara a voar para Los Angeles, fiz um anúncio com um cara usando boné dos Brooklyn Dodgers e olhando para o oeste; em cima dele a chamada dizia "Pensando em ir para Los Angeles?". Foi na mesma época em que os Dodgers estavam ameaçando se transferir do Brooklyn para Los Angeles. Foi um tremendo sucesso. No dia em que foi publicado no *Times*, 1 milhão de nova-iorquinos abriram um sorriso. Depois desse anúncio (a propósito, eu é que posei com o boné no anúncio), pensei: "Agora eles vão ver o que é bom nesta agência!". E aí fiz um anúncio atrás do outro, cada um melhor que o outro, todos com referências culturais. Por algum motivo, porém, o cliente não gostava deles. O motivo? O responsável pela conta era um fulano careta chamado Bill Smith, que era irmão de C. R. Smith, o presidente da companhia aérea. É por isso que a Lennen & Newell havia conseguido a conta. Acho que o irmão não gostou muito de o anúncio dos Dodgers ter

feito tanto barulho. **E você teve de se submeter ao capricho dele?** Um mês depois eu disse que queria conversar com o cliente. Bill Smith disse que não. Então ameacei sair da agência. No dia seguinte a secretária dele me ligou e disse que o sr. Smith queria me ver. Cheguei lá e era uma sala gigantesca, e no piso estavam todos os anúncios que eu havia feito – uns duzentos deles ali no chão. Então Smith disse: "Lois, entendo que você esteja se queixando e lamentando...". Aí veio andando na minha direção, pisando sobre os anúncios! Quando se aproximou, dei a volta com muito cuidado, na ponta dos pés, desviando dos anúncios. Fui até a mesa dele e virei aquela coisa gigantesca. E, para minha sorte, havia um tinteiro sobre a mesa e ele acabou indo parar numa parede inteiramente branca. Então me voltei e comecei a sair. Smith veio atrás de mim e implorou com o seu sotaque texano: "Caramba, Lois! Não deixe esta agência, rapaz. Fique aqui que vou fazer de você um rei!". Foi algo tão desvairado e fascinante que ele me convenceu, mas só fiquei mais uma semana. Depois disso recuperei a lucidez e pedi demissão. **Dali você foi para a Sudler & Hennessey (S&H), a agência cujo diretor criativo era Herb Lubalin. Que tipo de trabalho você fez ali?** Tudo o que faziam na área de produtos para os consumidores. Alguns meses atrás dei uma olhada no livro de Lubalin [*Herb Lubalin: Art Director, Graphic Designer, and Typographer*, 1985] e vi que incluíram por engano um monte de coisas feitas por mim. **Qual era a diferença entre a sua abordagem e o design de Lubalin?** Ele costumava fazer belos tipos, conceitos tipográficos e dava vida às letras. O pensamento dele era absolutamente instigante e único. Eu, por outro lado, queria mesmo era pular na garganta dos outros. Sempre procurei introduzir uma grande ideia em todos os meus trabalhos. **Pelo que vejo, você era muito cioso do seu trabalho, e até mesmo agressivo quando havia interferências. Como era isso?** Tive problemas com Nat Hennessey, um dos sócios e gerente de contas. Eu costumava distribuir tarefas pelo estúdio de criação (havia uma dezena de criadores), e uma vez estava tratando com um deles quando vi Hennessey conversando com outro a respeito do meu trabalho. Fui até lá e perguntei: "Nat, o que você acabou de dizer a ele?". Ele disse: "Ah, eu queria mudar uma coisa aqui". Respondi no ato: "Suma daqui antes que eu arrebente a sua cara". **Imagino que você não conseguiria aturar essa situação durante muito tempo.** Não mesmo. Por volta da mesma época, Lubalin e eu resolvemos sair e planejávamos montar uma agência com Lou Dorfsman, chamada Lubalin, Dorfsman, Lois (fiz questão de que meu nome ficasse por último, como o de Bernbach na Doyle Dane). Herb estava a ponto de bala. Apesar de ele ser o mandachuva na S&H, estava extremamente infeliz. Mas Lou simplesmente não conseguiu tomar a decisão. **Mas você conseguiu. Saiu da S&H e foi para a agência mais quente do país, a Doyle Dane Bernbach, a base de lançamento da revolução criativa.** Foi aí que as coisas ficaram bem interessantes. **Mas a sua primeira conta não parecia nada promissora para desencadear uma revolução criativa.** A primeira coisa que peguei foi a conta da Kerid. Era um removedor de cera de ouvido que

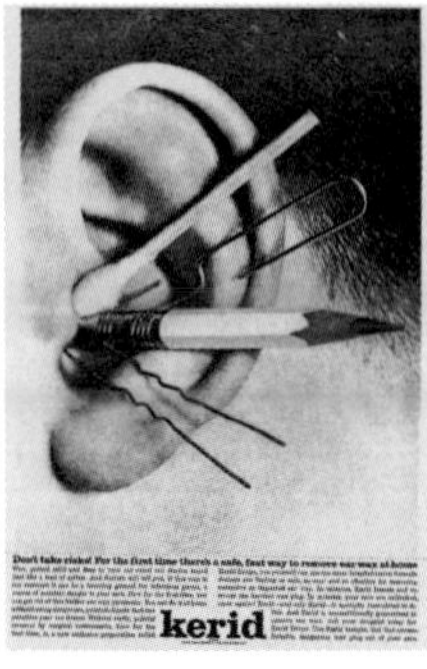

acabara de ser lançado. O cara da conta não tinha mais nenhuma informação. Afinal, o que mais havia de novo? Mas, pelo menos, dava para saber que quando se colocava aquele troço no ouvido a cera acabava saindo. Por isso fiz uma foto de uma orelha da qual saíam lápis, clipes e coisas assim, um símbolo dinâmico dos objetos curiosos e perigosos que as pessoas usavam para tirar a cera do ouvido. Fiz esse anúncio e um monte de outros, todos de grande impacto. Ia fazendo rapidamente e pregando nas paredes da minha sala, bam, bam, bam. Sem redator, sem nada, tudo em um dia de fúria. Na manhã seguinte, Bernbach veio me dar as boas-vindas e, ao ver todo aquele material, pergunta: "Com quem você está trabalhando?". "Não estou com ninguém, não tenho redator", respondi. "Então vou ser o seu redator", diz ele. "Ótimo", falei. Depois descobri que fazia quinze anos que ele não trabalhava com alguém como redator.

Você fazia coisas que instigavam mentalmente as pessoas, mas que também incomodavam. Por que esse anúncio com a orelha, por exemplo, provocou tanta polêmica? Algumas semanas depois de a campanha da Kerid começar a ser produzida, ganhei uma sala nova e ótima com janelas, ao lado do Bob Gage [o principal diretor de arte] e do Helmut Krone [o diretor de arte da famosa campanha "Think Small" para a Volkswagen]. Eu gostava de Krone, mas ele era uma espécie de alemão louco e desagradável. Ele ficou criticando o anúncio da orelha na agência – e reuniu um grupo de redatores babacas e foram todos juntos reclamar com Bernbach das medonhas peças publicitárias que estavam sendo produzidas ali na Doyle Dane Bernbach por aquele bárbaro que acabara de mudar para a sala vizinha. **Você ficou irritado?** Claro que sim, mas não irado o bastante para chegar em Helmut e dizer "Vou quebrar a tua cara". Além disso, eu respeitava o trabalho dele. Considerei aquilo mais como um cara que tinha inveja de um talento diferente e incompreensível. Uma das queixas contra mim é que eu era um *daqueles* designers: eu era um "designer gráfico-metido como Herb Lubalin e Lou Dorfsman". Duas pessoas que estavam na reunião de protesto me contaram depois que a reação de Bernbach diante de Helmut foi "Eu decido o que é bom para a agência. O que você não percebeu é que George Lois vai ser uma mescla de Bob Gage e Paul Rand". Bem, isso é o que considero um elogio e tanto. **Você é designer e tipógrafo, mas o conteúdo e o modo de apresentá-lo sempre foram prioritários em seu trabalho. Além disso, a impressão que fica é que, para você, o design não é só a composição, mas tem a ver também com o formato. A maioria dos anúncios usa a mítica página inteira. Você chegou a experimentar outros formatos mais efetivos?** Lou Dorfsman havia dado a conta da rádio da CBS para a Doyle Dane e pediu que eu fizesse um anúncio de página inteira no *Times* para dizer que a CBS começaria a transmitir notícias "a cada hora, na hora em ponto". Era provavelmente a oitava estação da cidade a fazer isso e estava tão atrasada que se vangloriar publicamente disso seria uma estratégia prejudicial para a CBS. Por isso, decidi fazer 24 anúncios pequenos, ocupando duas colunas (que no total seriam o equivalente a uma página inteira), distribuídos por todo o jornal, com textos assim: "1h", "2h", "3h", "4h". Fiz os 24 anúncios, cada qual com o logotipo e a frase "a cada hora, na hora em ponto". Nós seríamos os donos do jornal naquele dia. Era um jeito visual instigante de fazer com que as pessoas se lembrassem daquilo, ao mesmo tempo sem nos vangloriarmos com um "olha o que afinal estamos fazendo". Claro que o redator disse que não seria possível porque "na Doyle Dane não fazemos anúncios pequenos". Conversa fiada. Bem, mandei ver assim mesmo e foi um sucesso. Mas me senti um pouco injustiçado.

As expressões "revolução criativa" e "Big Idea" sugerem que a publicidade, na década de 1960, abandonou as fórmulas rotineiras em favor do pensamento criativo. Como você vê essa revolução? Foi na verdade bem dramático. Bill Bernbach era quem entendia como o texto e uma grande imagem gráfica funcionam em harmonia – ou de como um mais um dá três. Ele merece todo o crédito do mundo por isso. Bernbach reconheceu o fato de que o redator e o diretor de arte têm de trabalhar juntos, como uma equipe. Claro que isso só funciona quando ambos são extremamente talentosos. Bernbach percebeu isso quando, como redator, costumava observar Rand em ação. Com Paul [Rand], Bill conheceu o que passaria a considerar o gênio e a magia do diretor de arte gráfico. Ele chegava a ser místico em relação a isso. Quando trabalhei na Doyle Dane, íamos com frequência à sala de Bernbach para mostrar o que estávamos fazendo. E eu ia lá para me exibir! Porque sabia que sempre tinha algo que ele ia adorar. Íamos lá, o redator e eu, e mostrávamos o trabalho, e ele dizia "Minha nossa, uau, George, como você fez isso?". Não dava a menor bola para o redator. Ele sabia que não era o redator que fazia a mágica, e sim o diretor de arte.

Qual foi o impacto disso em você? Bernbach era esperto o bastante para ver alguém como eu e reconhecer que aquele garoto grego era diferente e que algo especial estava acontecendo. Algo mais direto, mais cru, mais cotidiano. Ele adorava o modo como eu usava o texto e dizia: "Ninguém quebra as linhas do jeito que você faz". De fato, até hoje divido o texto conforme o conteúdo e as frases. Por isso ele me via como sendo de uma outra espécie.

Em que momento você afinal tomou a decisão de abrir a sua própria agência, a Papert Koenig Lois? Julian Koenig e eu estávamos na Doyle Dane, e Fred Papert estava na Sudler and Hennessey. Eu gostava dele porque era excelente redator. Fez boas coisas. Também fazia bons títulos. Um tanto domesticado, mas que texto! Eu adorava os textos dele. Aí ele abriu a Papert & Free (formada por duas duplas de marido e mulher). Eles iam bem, tinham algumas contas grandes. Mas depois de dois, três, quatro anos tiveram problemas e acabaram se separando. Freddie me procurou quando eu estava na Doyle Dane e propôs: "George, quero que você abra um negócio comigo". Eu disse: "Freddie, por que eu largaria o melhor emprego na publicidade para trabalhar com você?". Mas ele ficou insistindo e um dia eu disse: "Pensando bem, até que seria interessante. Seria ótimo montar a segunda melhor agência de criação do mundo".

Você não foi procurado também pela Ogilvy & Mather? Eles tentaram me contratar para ser o chefe do departamento de arte. Mas eu disse a eles: "Vocês estão loucos? Não há a menor possibilidade. Vejam os anúncios que vocês fazem. Não me entendam mal, muitos deles são maravilhosos, mas não concordo com absolutamente nada em seu livro, sr. Ogilvy". Ele era cheio de regras. Precisava ter um quadrado em meio-tom; o logotipo tinha de ficar no canto direito; o texto não podia avançar para fora da foto. Ogilvy tinha regras para tudo o que se devia e o que não se devia fazer, e aquilo não acabava nunca. Por isso, no fim das contas, pode confiar no que digo, havia somente uma agência de criação no mundo, e era a Doyle Dane Bernbach.

E aí você abriu a "segunda melhor agência de criação do mundo". É isso. Eu disse ao Freddie: "Se conseguirmos o Julian Koenig, então talvez eu tope". "Quem é Julian Koenig?", ele perguntou. "É um redator", respondi. "E para que você quer um redator?", ele quis saber. Aí eu disse: "Porque ele é muito melhor do que você como redator. Você pode ir atrás das contas e ficar puxando o saco dos clientes".

E o que houve quando vocês começaram? Recebemos uma ligação da rede de concessionárias Renault-Peugeot. Era uma conta de 300 mil dólares, suficiente para a gente pagar o aluguel. Algumas semanas depois, a revista *Ladies' Home Journal* nos procurou e conseguimos a conta dos anúncios de circulação.

Os anúncios da *Ladies' Home Journal* eram bem avançados para a época. Dois dias depois de acertarmos com a *Ladies' Home Journal*, liguei para o dr. Benjamin Spock e consegui uma foto dele quando era bebê. Sob a foto, colocamos a frase "Que tipo de bebê era o dr. Spock?". Outro anúncio era sobre a história de um bezerrinho, aparecia a cabeça de uma vaca, uma jovem e adorável vaca dizendo "Por favor, não leiam a edição deste mês da *Ladies' Home Journal*".

A agência

ficava no edifício Seagram, e foi lá que vocês criaram a campanha para um dos produtos da Seagram, a vodca Wolfschmidt's. Para mim, esse é o tipo de propaganda – espirituosa, irreverente e um pouco ousada – que exemplifica o método e o estilo da Big Idea. Você acha que foi isso que o tornou famoso? Sem dúvida, mas a história é que Sam Bronfman Sr., o chefão da Seagram, consi-

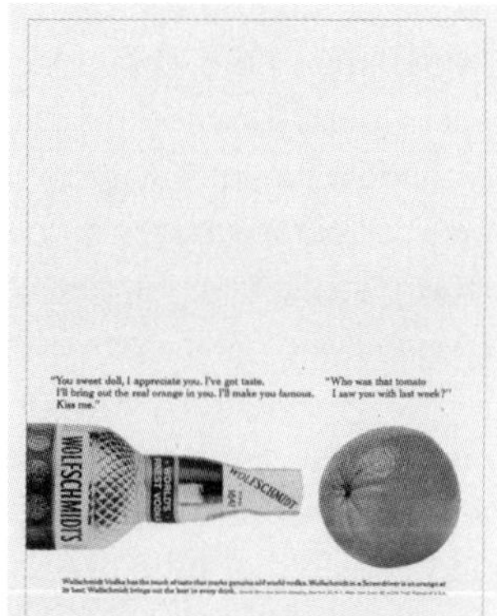

derava o seu filho Edgar uma besta e nunca lhe dava nenhuma responsabilidade. Mas aí deixou que cuidasse dessa vodca, que o sr. Sam não considerava um produto sério nem de prestígio. A Smirnoff era a marca dominante. Minha ideia foi posicionar a Wolfschmidt's como uma vodca "sem gosto". Como não deixava bafo, podia ser tomada no almoço sem que isso fosse notado. Quando fiz os anúncios com frutas e legumes falantes, todo mundo comentou. As vendas explodiram e aí o pai do jovem Bronfman deu o braço a torcer: "Puxa, o garoto é um gênio". **Outro cliente era a Xerox. Ela se tornou um nome tão genérico que agora faz parte da linguagem corriqueira, mas não era assim no**

começo. Qual foi a sua contribuição para a identidade da empresa? Originalmente a conta era da Ogilvy, mas eles tiveram de desistir em função de algum obscuro conflito de interesses. Em seguida, a Xerox foi para a Doyle Dane, que tinha como cliente a Polaroid, e esta achou que um dia poderia haver um conflito com a Xerox. Uma semana depois conseguimos a conta. Joe Wilson [o presidente-executivo da Xerox] estava pensando em mudar o nome de Haloid Xerox para Haloid, mas eu o convenci de que Xerox poderia ser uma marca inesquecível. E disse que iria lhe mostrar um roteiro desenhado para um comercial de TV. Aí ele disse: "Televisão? Do que você está falando? Tudo o que a gente quer é atingir umas 5 mil pessoas nos Estados Unidos". Ele estava pensando nos responsáveis pelas compras nas grandes empresas. Mas eu disse a ele que tínhamos uma oportunidade única de tornar a marca da Xerox famosa rapidamente. E perguntei: "Se conseguirmos torná-la famosa, vocês têm condições de produzir as máquinas em grande quantidade?". "É tudo que queremos", ele disse. Aí mostrei o *storyboard*: uma menininha entra no escritório do pai e ele diz "você tira duas cópias disto para mim, por favor", e ela sai e, ao som de uma música curiosa, vai até a Xerox 914. (É preciso lembrar que, naquela época, ninguém nunca tinha ouvido falar sobre fotocópias; quando eu vi pela primeira vez, quase tive um orgasmo.) Ela então aperta alguns botões e apoia sua boneca na placa de vidro; depois sai correndo e entrega a cópia para o pai, que diz "Qual delas é o original?".

Para mim, parece um conceito ótimo. Assim que acabei a apresentação, Wilson me demitiu!

Você foi agressivo demais? Ele achava que éramos loucos de gastar a sua verba na televisão. Queria que fizéssemos anúncios em publicações profissionais, francamente! Assim, na manhã seguinte, enquanto contava a Freddie e Julian que ele tinha me demitido, toca o telefone e era o Joe Wilson. "Mudei de ideia, pode produzir o comercial", disse. Aí, quando o colocamos no ar, ele voltou a ligar: "Ai, meu Deus, o pessoal de vendas está muito entusiasmado; todo mundo pensava que Xerox era um anticongelante, e agora é uma marca famosa". Dois dias depois, recebemos uma notificação da FCC [Federal Communications Commission, órgão de regulamentação da mídia nos Estados Unidos] para tirar o comercial do ar.

Essa história vai ficando cada vez mais enrolada. Qual o motivo dessa notificação? Uma das principais empresas de equipamento de impressão para escritórios, a A. B. Dick – sempre achei esse nome muito apropriado – entrou com uma queixa alegando que era impossível que uma menina fizesse cópias com tanta facilidade. Então eu disse: "Já te ligo". Uma hora depois, liguei para a FCC e disse a eles que iria refilmar o comercial para que pudessem constatar que não havia nenhum truque. Eles enviaram dois fulanos com ternos cinzentos, e refilmei tudo exatamente como da primeira vez, só que em vez da menina usei um chimpanzé. O macaco se aproxima do mesmo pai e este pede: "Sam, dá para fazer uma cópia disto?". Aí o chimpanzé faz as cópias (foi até mais fácil do que com a menina), volta para a sala, se balança numa corda e entrega as cópias. O pai comenta: "Ótimo, Sam, mas qual delas é o original?". O comercial com a menina passou no começo do noticiário da noite, e o outro, com o chimpanzé, no final – e aí foi um deus nos acuda. Quero dizer, foram comentários, reportagens – todo mundo ficou louco. Em dois meses, a conta que era de 300 mil passou para 9 milhões de dólares.

E a Xerox de fato ficou famosa, quase literalmente da noite para o dia. **Sei que esta parece uma pergunta ingênua, mas como acontecem coisas assim? O que há em nós, os consumidores, que nos torna tão suscetíveis à publicidade?** Tem uma pergunta ainda mais louca do que essa, que é "Como a gente sabe que tem a 'Big Idea' que vai mudar o mundo?". **Ok, vamos lá. Como a gente sabe isso?** Você tenta resumir a singularidade do produto e mostrar isso de um modo que seja absolutamente inesquecível. A primeira regra é teatral: prenda a atenção fazendo algo absolutamente novo e dramático. **Mas é preciso fazer pesquisas e testes de mercado para garantir o entendimento do público?** Claro que não. Para a companhia aérea Braniff, eu bolei a ideia do "When you've got it, flaunt it" [Quem tem não deve nada a ninguém]. Eu disse ao Harding Lawrence [o presidente-executivo da Braniff]: "Se você fizer uma pesquisa, pode esquecer; é pura perda de tempo". Ele retrucou: "Bem, a gente tem de fazer isso". E fizeram a tal pesquisa. Acho que 84% das pessoas que assistiram aos comerciais e voaram pela Braniff disseram que jamais voltariam a escolher a companhia – só para você ter uma ideia de como os grupos pesquisados odiaram a campanha. Mas Lawrence tinha colhões e me autorizou a seguir adiante. Então fiz pequenos anúncios com o Salvador Dalí ensinando o [jogador de beisebol] Whitey Ford a lançar uma bola com efeito, e o [boxeador] Sonny Liston encarando o Andy Warhol enquanto destrinchava a importância das latas de sopa, e ninguém mais ninguém menos que o [autor de novelas policias de sucesso] Mickey Spillane explicando a força das palavras para a grande poeta Marianne Moore. As vendas da Braniff subiram 80%. Não dá para pesquisar uma ideia assim. As únicas ideias que podem ser bem testadas em pesquisas são as ideias medíocres, "aceitáveis". As grandes ideias são sempre suspeitas em pesquisas. **Juntar essas pessoas tão diferentes em algum lugar, seja um avião, um carro ou um banco de jardim, é uma ideia maravilhosa. Mas explique para um leigo como eu o que você pretendia transmitir.** Basicamente, eu estava dizendo "Por que voar com uma companhia maçante como a American se você pode voar com uma companhia onde coisas inusitadas podem acontecer?". Na pesquisa, as pessoas diziam "Isso é terrível, isso é ridículo, isso é uma bobagem". Mas, quando você está sentado em casa e assiste, aí é divertido e instigante, e você diz: "Puxa, na próxima vez que for a Dallas, acho que vou de Braniff". A gente simplesmente sabe que as pessoas vão pensar nisso. É como sentir a mordida do peixe no anzol. **É uma compreensão psicológica ou é algo intuitivo de sua parte?** Provavelmente é intuitivo. Não sei se entendo muito de psicologia humana. Mas consigo repassar tudo o que já fiz na vida e sei exatamente por que fiz isso ou aquilo, e poderia até escrever um livro sobre cada campanha. Por exemplo, o OTB [sistema nova-iorquino de apostas remotas em corridas de cavalos] teve um primeiro ano terrível em 1973. Então o prefeito Lindsay me perguntou o que eu achava do sistema. Eu disse que tinha tudo para dar certo, mas a publicidade estava ficando sem dinheiro. Eu achava que o OTB poderia dobrar de tamanho se a sua publicidade conseguisse atrair todos aqueles que tinham vergonha de entrar em um local de apostas. Não precisava ser um gênio para perceber que havia um problema de imagem. Por isso, criei o conceito das New York Bets [apostas de Nova York]: "Você é muito pesado para os Mets? Você é muito leve para os Jets? Você é muito baixo para os Nets? Então você é perfeito para os N.Y. Bets!". Fui atrás dos astros da Broadway para que aparecessem em anúncios de página inteira no *Times* vestindo camisetas com a frase "N.Y. Bets". Consegui a Carol Channing, o Robert Dangerfield. E aí, logo em seguida, todos os artistas que vinham a Nova York estavam implorando para aparecer nos anúncios: Jackie Gleason, Bob Hope, Frank Sinatra. Fizemos umas duas dúzias de anúncios, e de repente o OTB havia dobrado a sua movimentação. Fiz isso com um pé nas costas.

Lembro que o departamento de turismo da Grécia o procurou para evitar o que estava prestes a virar um desastre turístico devido a um comentário do presidente Reagan, que recomendou aos americanos que não fossem à Grécia depois do sequestro de um avião. Houve um atentado terrorista. Um avião ia de Atenas a Roma quando foi sequestrado. Por causa disso, o presidente Reagan deu o ar da graça e anunciou que nenhum americano deveria passar pelo perigoso aeroporto de Atenas. Sem dúvida ele fez esse comentário porque Papandreou era o primeiro-ministro grego, e Reagan o odiava por ele ser socialista. As viagens para a Grécia praticamente foram interrompidas. Foi aí que o governo grego me procurou, implorando que eu inventasse algo mágico que salvasse a temporada turística. O que fiz foi juntar 39 celebridades para que dessem seu testemunho, como Lloyd Bridges, que disse "O avô do meu bisavô veio da Inglaterra

para este país no *Mayflower*, e agora por fim estou voltando para a terra dos meus ancestrais... a Grécia!". O testemunho de Joe Namath foi assim: "Meu pai veio da Hungria para este país em 1906, e agora por fim estou voltando para a terra dos meus ancestrais... a Grécia!". Eu estava dizendo que a pátria de todos é a Grécia, pois a Grécia é a pátria da democracia, da civilização ocidental. ■ Filmei tudo em um dia, em Los Angeles, e os anúncios foram transmitidos em seguida. O que eles na verdade diziam era "Foda-se, Reagan; eu vou à Grécia". E também que, antes de morrer, todo mundo tem de conhecer o berço da civilização.

Então você foi responsável por implodir o barraco. Foi um trabalho de relações públicas em sua versão mais agressiva e convincente. Consegui que o responsável pelo departamento de turismo grego, um fulano jovem, fosse a todos os noticiários matinais e também a todos os noturnos, onde declarou que "a Grécia está reagindo e não vamos tolerar essa besteira". Quatro dias depois os voos estavam todos lotados! Ninguém conseguia lugar para viajar à Grécia. Eu sabia que isso ia acontecer. Talvez não com tanta rapidez, mas sabia que ia dar certo.

Por que há tanta propaganda de má qualidade? Acho que o chamado "pessoal da criação" não tem a menor ideia do que é causa e efeito. **Na área de propaganda, tem tanta publicidade arroz com feijão divulgando produtos que, só pelo fato de ser uma coisa tão insidiosa, fica ressoando na cabeça da gente e acaba consolidando a marca.** Só pode ser insidioso se gastar 20, 40, 50, 60, 80 milhões de dólares. E há centenas de marcas que gastam mais de 40 milhões em divulgação e ninguém nos Estados Unidos nota a publicidade. Eu não faço campanhas que custam zilhões de dólares. Nas campanhas que faço não se gasta tanto e, como não tenho tanto tempo, tenho de fazer com que os resultados sejam imediatos.

Sei como você convence um cliente de que suas propostas são boas. Mas como você se convence disso? Junto um grupo de pessoas comuns em uma sala, mostro a elas um dos meus comerciais e pergunto "O que aconteceu? O que vocês viram?". Se não conseguem explicar o conceito, se demonstram que não captaram a coisa, então o comercial não funciona. **Costumo ver coisas divertidas e às vezes não sei o que estão vendendo.** Muita propaganda é divertida e a gente não sabe do que estão falando, nem lembra da marca e tampouco compra o produto. Agora, se tiverem 100 milhões de dólares e ficarem repetindo o comercial, aí mais cedo ou mais tarde ele fica gravado na memória. A Nike não seria a marca que é se não tivesse gastado, desde o início, um caminhão de dinheiro com a imagem do [jogador de basquete] Michael Jordan. Há um monte de propaganda que precisa ser vista vinte, trinta vezes até se entender alguma coisa. Na minha opinião, contudo, você tem de ver a propaganda uma única vez, tem de entender no ato e ela tem de agarrá-lo pelo pescoço.

Vamos falar da MTV. Eis esse novo canal de TV descolado, que agora alcançou sucesso no mundo todo. Quando o chamaram no início para a campanha de lançamento, era uma cultura com a qual você estava familiarizado? Eu achava o rock-and-roll uma porcaria. Não gostava de nada. Gosto de Cole Porter, de Giuseppe Verdi. Mas a verdade é que não preciso gostar de um produto para fazer com que venda como o diabo. Uns garotos vieram me procurar. O lider era Bob Pittman, que na época tinha 27 anos. Eles tinham três contas, o Movie Channel, o Nickelodeon e a MTV, então totalmente desconhecida. A ideia deles era dividir as contas entre duas agências. E me pediram que escolhesse duas delas. A do Movie Channel valia 6 milhões, a do Nickelodeon a metade disso, e a da MTV era de 250 mil dólares. Logo de cara eu disse: "Sem a menor dúvida, quero a MTV. Se tiver de escolher só uma, fico com ela. Abomino o rock, mas acho que é uma grande ideia de programação que os jovens vão gamar". Eles admitiram que as empresas de TV a cabo não demonstraram o menor interesse, que as grandes agências achavam aquilo uma piada, e as gravadoras a consideravam ridícula. "Ninguém vai nos abrir nenhum espaço", disse Pittman. "Por que você acha que vai conseguir?" ■ Disse então: "Alguns de vocês se lembram de 'Quero o meu Maypo'?". [Uma famosa campanha criada por Lois, em meados da década de 1960, para um cereal matutino infantil.] Todos eles ainda se lembravam bem daquilo. Aí continuei: "Agora vocês estão com 25, 26 anos, e vamos todos dizer para o mundo 'Quero a minha MTV'. Expliquei então o comercial, que usava a marca com o M e sempre o mostrava em versões deliran-

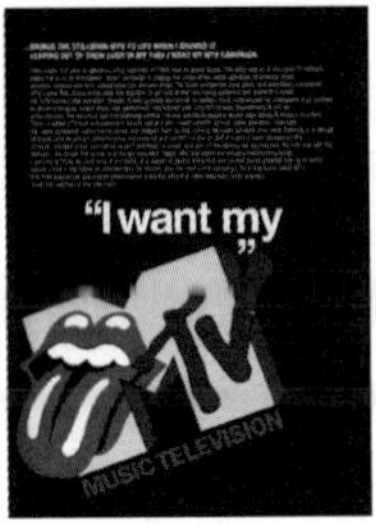

tes (uma delas tinha uma língua para fora). Tinha um advogado na sala e ele disse que não dava para fazer aquilo, pois toda vez seria preciso registrar de novo a marca. Mandei o advogado às favas e disse. "Quero criar um estilo que seja mais bizarro do que tudo o que está no ar". Em seguida, mostrei a eles um comercial no qual uma voz diz no final: "Se não tem MTV aí onde você mora, pegue o telefone, ligue para a operadora de TV a cabo e grite – aí cortava para o Mick Jagger, berrando 'Quero a minha MTV!'". **E o resultado?** Compramos quatro inserções em uma noite e ficamos esperando para ver o que aconteceria no dia seguinte. A operadora de TV a cabo em São Francisco ligou para Pittman e implorou "Tirem do ar esse comercial! Estamos recebendo milhares de ligações. Tivemos de desconectar a linha. E, a propósito, vamos querer esse canal!". E foi assim no país todo. Seis meses depois a MTV estava na capa da revista *Time* como a maior revolução pop-cultural nos últimos 25 anos. Foi um sucesso extraordinário, mas provavelmente também arrasamos a cultura mundial. **Quanto do seu trabalho se deve apenas a você e quanto vem dos colaboradores?** Quase sempre a ideia é minha – a verdadeira Big Idea. Nunca me dou por satisfeito com as ideias alheias. Assim que percebo que tenho todas as informações necessárias, fico totalmente concentrado e vou atrás da ideia. Se encontro dificuldade para chegar a um conceito que considero instigante, então é porque não entendi as informações iniciais. Mas, quando encontro a ideia e ela toma conta de mim, aí adoro trabalhar junto com um grande redator. É muito divertido.

DE ONDE VIEMOS, PARA ONDE VAMOS

PHILIP MEGGS iniciou sua carreira em design em 1958, compondo manualmente tipos de metal. Após estudos na Universidade da Carolina do Sul e na Universidade Virginia Commonwealth, trabalhou como designer sênior na empresa Reynolds Metals e foi diretor de arte da A. H. Robbins Pharmaceuticals. Em 1968, tornou-se membro do departamento de comunicação e design da Universidade Virginia Commonwealth, onde foi professor-pesquisador do departamento de artes até 2002, ano de sua morte. Meggs é autor e coautor de uma dezena de livros, entre os quais a monumental *História do design gráfico* [Cosac Naify, 2009], cuja primeira edição foi publicada em 1983 e hoje é considerada obra de referência no assunto.

Até o final da década de 1970, não havia aparentemente nenhuma sistematização da evolução do design gráfico. Quando foi que isso surgiu? A ideia de que a história e a crítica do design são áreas novas de investigação não é correta; ambas vêm sendo praticadas desde o início do século XVI. Cada época registra o que considera importante e/ou controverso. As pessoas reagem ao impacto do novo; grande parte da história que escrevi é um simples registro daquilo que horrorizou a opinião consensual, desde Baskerville até a Bauhaus.

Como autor do primeiro, e único, manual de história do design, quais foram as diretrizes e os critérios que lhe permitiram decidir o que era relevante em termos históricos? Meu objetivo, como professor de design que começou a ensinar a história da disciplina no início da década de 1970, foi sistematizar o legado à disposição dos designers contemporâneos atuantes nos Estados Unidos. Estava convencido de que isso poderia ajudá-los a entender o que estavam fazendo, a compreender de que modo e onde se desenvolveu o vocabulário semântico e sintático, e, ao mesmo tempo, queria contribuir para a nossa atividade em sua luta para adquirir um *status* profissional. A formação em design só tem a ganhar quando, graças ao entendimento da filosofia e dos conceitos que moldaram o design gráfico, os jovens profissionais passam a ter uma ideia melhor de tudo o que podem realizar. ■ A história ocorreu do modo como ocorreu; a tarefa do historiador é descobrir o que foi significativo. Uma das metodologias mais úteis é estudar os acontecimentos a partir de duas perspectivas históricas – a sincrônica e a diacrônica. Isso ajuda a evitar muitos problemas. A sincronia é a ocorrência simultânea, ao passo que na perspectiva diacrônica os eventos são investigados tal como ocorrem e mudam no decorrer do tempo. Quando estava pesquisando o design gráfico francês inspirado no cubismo, no período entre as duas guerras mundiais, a imensa quantidade de cartazes e anúncios produzidos por dezenas de designers excelentes foi a princípio um tanto assoberbante. No entanto, o rastreamento da evolução dessas formas e imagens desemboca em um único cartaz, desenhado em 1923, por A. M. Cassandre, para a loja de móveis Woodcutter. Outras pesquisas revelaram que Cassandre foi, na verdade, um designer fundamental, que revitalizou o design gráfico francês após a Primeira Guerra; ele despontou, portanto, como um designer importante que não pode ser ignorado por nenhum levantamento histórico do design. ■ Como há muito ecletismo e muito plágio, qualquer um empenhado em pesquisar a história das artes gráficas deve ter o máximo de cuidado na identificação das obras significativas. Quando as pessoas sugerem designers ou obras que, na opinião delas, deveriam ser acrescentados a *História do design gráfico*, peço que escrevam um breve parágrafo explicando por que essas contribuições são únicas e relevantes. ■ Claro que às vezes as ideias visuais se originam de um diálogo entre designers ao longo do tempo, obrigando o historiador, por falta de espaço, a escolher apenas uma obra que represente um conjunto complexo de obras relacionadas.

Como a história da disciplina havia sido registrada antes? Quais fontes eram definitivas o bastante para que pudessem ser aproveitadas diretamente ou usadas como fontes primárias? Na realidade, constatei que havia uma abundância de material, mas ele estava todo fragmentado. Revistas e livros sobre tipografia do início do século XIX, guardados na Biblioteca do Congresso, sempre incluíam questões de design e até mesmo reproduziam e mencionavam obras que remontavam aos incunábulos e à Renascença. Infelizmente, há muita informação contraditória e imprecisa por aí, e por isso sempre procurei confirmar os dados recorrendo a pelo menos duas fontes. É muito constrangedor quando descobrimos ter usado uma fonte pouco confiável.

O título original do seu livro não é *The History of Graphic Design* [A história do design gráfico], mas sim *A History of Graphic Design* [Uma história do design gráfico]. Há outras maneiras de contar essa história? Fiz questão de que o livro fosse chamado assim, reconhecendo que não se tratava de "A" enciclopédia do design gráfico, mas antes um apanhado conciso para uso de estudantes e designers contemporâneos. ■ O contrato estipulava um livro de trezentas páginas com seiscentas ilustrações. Acabei entregando um original de mil páginas, além de outro milhar de ilustrações com legendas, e isso depois de eliminar países inteiros e centenas de ilustrações. Na época, minhas decisões se basearam no vínculo direto e linear entre a nossa situação contemporânea no tempo e no espaço e as obras que a haviam influenciado. Foram incluídos os alfabetos grego e romano, mas deixei de fora a minha pesquisa sobre o sânscrito indiano, pois não havia tal vínculo. As inclusões e exclusões foram determinadas por uma avaliação das "raízes". ■ Há várias abordagens possíveis para se investigar a evolução do design gráfico, como por exemplo: explorar a relação entre o design e seu público, analisar a evolução dos atributos formais ou visuais e estudar o impacto socioeconômico da produção do design. Alguns dos meus críticos se queixaram de que me concentrei nos designers e nas obras, em detrimento dos aspectos sociais e econômicos. Estou convencido de que o design é uma atividade relevante no âmbito da cultura. A intenção de *História do design gráfico* é identificar e documentar as inovações semânticas e sintáticas da comunicação visual. Em cada período considerado, o design foi avaliado tendo em vista a identificação das obras e dos criadores que influenciaram a constante evolução da disciplina. Essa informação proporciona um panorama conceitual útil para quem quiser aprofundar seu estudo e sua prática.

Por que motivo a história do design gráfico não recebeu tanta atenção quanto a das outras artes? Acadêmicos e artistas plásticos há muito vêm marginalizando o design gráfico; e muitos dos que me criticam não passam de seguidores dessa tradição mesquinha e ingênua! No passado, isso se devia à questão das classes sociais. No século XIX, os adolescentes de famílias pobres que revelavam talento artístico eram encaminhados para as chamadas artes aplicadas, ao passo que os mais ricos estudavam na Europa e tornavam-se retratistas dos membros da elite. **Os críticos o acusaram de perpetuar um cânone – um elenco oficial de personagens e eventos – que é essencialmente modernista ou tradicionalista, ignorando assim as peculiaridades e sutilezas do design gráfico. Você restringiu de algum modo o seu levantamento?** Pelo que sei, a única pessoa que "me acusou de perpetuar um cânone" – como disse você, e não ela – é Martha Scotford, uma eminente historiadora do design, que ensina na North Carolina State [Universidade] e escreveu uma brilhante avaliação do tratamento restrito dedicado às mulheres por vários historiadores do design. A pesquisa que ela fez é importante, pois nos alerta que as questões de gênero devem ser levadas em consideração. ■ Acho que Scotford concordaria comigo que certos designers, como El Lissítzki e William Morris, foram influentes catalisadores e devem ser reverenciados por suas realizações. Agora, "canonizados" é um termo forte demais; muito poucos designers merecem ser santificados. ■ Quanto a eu ignorar as peculiaridades e sutilezas do design gráfico, é bom lembrar que estamos falando de uma história em um único volume, limitada por contrato com a editora a quinhentas páginas, ponto-final. Ela apresenta um panorama conceitual básico da disciplina, é um passo inicial para a exploração da história do design. Uma extensa bibliografia foi incluída para quem quiser se aprofundar mais em cada um dos períodos. ■ A mim parece ingenuidade criticar um livro de história, que abrange cinco milênios, por ter "se limitado à cobertura das correntes principais, na expectativa de vislumbrar como se desenvolvem as 'últimas tendências'". Na verdade, quando saiu a primeira edição, ela foi criticada por Bill Bonnell, em uma resenha no AIGA *Journal*, por ter dado demasiado destaque a April Greiman, cuja obra era bastante polêmica em 1981, ano em que o original da primeira edição foi enviado à editora; hoje, no entanto, ela é respeitada como uma designer importante de sua geração. Outros resenhistas questionaram a conveniência de incluir material contemporâneo em um livro de história. O fato é que não fiquei esperando para ver no que davam as últimas tendências – quem disse isso não deve ter lido o livro. ■ **A história é objetiva ou subjetiva? E como você lidou com essa questão em sua obra?** Ela pode ser tanto objetiva como subjetiva. Grande parte da minha obra foi escrita do ponto de vista de um educador tentando definir o que é importante para o leitor/espectador, normalmente um designer ou um estudante de design. Depois de ler vários relatos históricos sobre os cartazes da Primeira Guerra Mundial e estudar centenas de cartazes originais que estão no acervo da Biblioteca do Congresso, a questão que me orientou foi: "Qual seleção dessas imagens transmite melhor a variedade de conceitos comunicativos e formais a que recorreram os criadores desses cartazes à época da Primeira Guerra?". Sabendo que esse é o meu jeito de pensar, acho que dá para entender a minha perplexidade quando alguém me acusa de criar um cânone. Talvez a mentalidade competitiva do design contemporâneo, estimulada por dezenas de concursos a cada ano, seja a responsável por esse frenesi. ■ Qualquer um que se propõe a escrever um livro de história deveria dispor de uma margem de subjetividade para explorar os temas que mais o apaixonam, mas nunca de forma que haja distorção do registro histórico. Eu não gosto muito da obra de William Morris, mas nem por isso poderia deixá-lo de fora. Na terceira edição do livro, tive de lidar com o surgimento do webdesign. Fiz então uma pesquisa dos sites de design gráfico e o programa de buscas identificou mais de 1 milhão deles. No final a nova edição incluiu apenas três... Então será que esses designers foram canonizados em detrimento dos criadores das outras 5 bilhões de páginas na internet? Claro que não. Eles foram escolhidos com base nas questões sobre o webdesign que achei importante discutir.

A crítica é parte importante desse processo? Como historiador, você faz juízos de valor sobre a qualidade ou eficácia da obra, juízos que acabam afetando o modo como a história é apresentada? A avaliação crítica está na origem de qualquer texto de história. O que se busca é a relevância, e com frequência os juízos de valor efetivamente refletem a perspectiva do autor, o qual não tem como escapar de um ponto de vista determinado no tempo e no espaço. Quando se pesquisa bastante, porém, acaba-se descobrindo o que era valorizado pelas pessoas de outras épocas e também o que as motivou a produzir aquelas obras.

Quais são, na sua opinião, as figuras históricas mais negligenciadas? E, por outro lado, quais são as mais supervalorizadas? Creio que a maioria dos designers é negligenciada, e não consigo me lembrar de um único que seja supervalorizado. As abordagens e as sensibilidades entram e saem de moda; os designers pós-modernos malharam a Bauhaus e o modernismo durante toda a década de 1980. Talvez a reputação de Herbert Bayer seja como as ações da IBM, sobem e descem conforme mudam as sensibilidades no campo do design.

Nesse processo de escrever um manual abrangente, e com duas oportunidades para revisá-lo, o que você acha que mais fez falta entre a primeira e a terceira edição? E como corrigiu essa lacuna? Todas as edições desse livro são inacabadas, pois em todas as três fui obrigado a enviar o original para a editora após ultrapassar a quantidade de textos e imagens especificada em contrato e solicitar ampliação dos prazos de entrega. ■ Cheguei a interromper o trabalho na primeira edição porque estava mentalmente esgotado após me dedicar a ele dezesseis horas por dia, sete dias por semana, além de estar economicamente arruinado por ter gastado milhares de dólares em fotos e autorizações para reproduzir obras. E os prazos já estavam estourados. Deixei de fora seções inteiras como a das gravuras japonesas e a dos manuscritos persas, pois havia adotado o critério – uma vez que não havia espaço para tudo – de apresentar a sequência histórica linear até a prática do design contemporâneo nos Estados Unidos.

A primeira edição do seu livro foi recebida de maneira positiva. Olhando retrospectivamente, o que acha dessa versão inicial? O diálogo desencadeado pela primeira edição abriu os meus olhos para algumas omissões e contribuiu para que eu apurasse a metodologia. O mundo mudou dramaticamente de lá para cá. Os Estados Unidos tornaram-se o primeiro país de fato multicultural, e a tecnologia está mais uma vez reinventando o design gráfico. O grande desafio na terceira edição foi achar uma maneira de refletir esse multiculturalismo, sem contudo descartar a documentação sobre as tradições europeias e norte-americanas de design. O capítulo sobre "O alfabeto" passou a ser sobre "Alfabetos", com o acréscimo de outros além do grego e do romano; "Manuscritos medievais" passou a tratar de "Manuscritos iluminados", ganhando uma seção sobre o islã; "*Art nouveau*" passou a incluir a influência do Ukiyo-e. E as omissões mais gritantes da segunda edição foram corrigidas, como a do design holandês no pós-guerra. ■ Além disso, tive de enfrentar uma revolução tecnológica em andamento. A segunda edição foi preparada pouco antes de programas como o PageMaker ou o QuarkXPress alcançarem um nível suficiente de qualidade para um projeto dessa magnitude. Assim, ele foi um dos últimos livros feitos com composição tradicional e paste-up. Já na terceira edição, a editora me permitiu usar reproduções coloridas em todo o livro, o que me obrigou a sair atrás de quinhentas imagens coloridas – em apenas dezoito meses. ■ A história do design gráfico é muito complexa, e sua dificuldade aumenta ainda mais devido ao grande número de designers talentosos e ao enorme volume de obras. Por isso, o processo de seleção é muito difícil.

É possível contemplar em um livro a miríade de perspectivas históricas? Por exemplo, seria possível, ou conveniente, introduzir as perspectivas marxista, feminista e pós-modernista em sua narrativa histórica? As histórias social, política e econômica fazem parte da história do design gráfico como conteúdo. Temos de estudar o design como parte da história social, mas também devemos estudá-lo como uma força independente na sociedade. ■ Estou convencido da relevância cultural do design gráfico como disciplina autônoma, merecedora de estudo e avaliação independentes. O design, junto com a ordem e a estética que ele traz a uma comunidade, não se limita à decoração ou ao estilo; ele é absolutamente necessário para uma sociedade saudável. O rompimento dessa ordem no âmbito dos sistemas comunicativos e ambientais de uma sociedade tem consequências sérias. Aqueles que menosprezam o impulso estético no design, quando tentam acomodar objetivos ligados ao mercado ou promover programas sociais e políticos restritos, na verdade atacam a própria tessitura da comunidade humana. ■ A tarefa que me coloquei nesse livro específico foi traçar as linhas gerais da história do design gráfico tal como elas haviam determinado a configuração atual da nossa profissão. Se tivesse acrescentado outros objetivos, como a promoção de minhas concepções políticas, ambientais ou sociais, isso teria ocasionado uma distorção do propósito original. Além disso, teria consumido páginas preciosas, e eu já estava com dificuldade para dizer o que precisava no espaço disponível. ■ Vamos ver cada um dos exemplos que você deu. As concepções do marxismo clássico – a de que o atributo definidor do povo é a criatividade, sobretudo na sua capacidade de ampliar o trabalho para atender às necessidades; e a de que o *Homo sapiens* é uma espécie "social", cujo trabalho deve suprir as necessidades da comunidade em geral – são importantes na história das ideias. Enquanto preparava a segunda edição de *História do design gráfico*, procurei introduzir ideias filosóficas associadas ao marxismo e capitalismo, estruturalismo e crítica desconstrucionista etc. Mas isso se tornou difícil de manejar, e não consegui conciliar de modo satisfatório as duas abordagens opostas, sobretudo quando se leva em conta o limite de laudas de cada capítulo. De fato, faz falta uma literatura que relacione o design gráfico aos principais conceitos filosóficos, mas trata-se de algo complexo demais para incluir em um resumo histórico introdutório. ■ O feminismo. Sou um grande defensor dos direitos e das oportunidades iguais. Nos treze anos em que fui diretor do departamento de comunicação e design da Universidade Virginia Commonwealth, chegamos a ter, em determinado momento, mais de 40% de mulheres, e contratamos duas pessoas de origem africana. ■ Na história, foram raras as mulheres que se dedicaram ao design gráfico, mas desde a revolução social da década de 1960 elas entraram cada vez mais na profissão, com resultados notáveis. Muitas, como April Greiman, Zuzana Licko, Paula Scher e Carol Towmbly, fizeram contribuições importantes e criativas como designers, e o trabalho delas começa a ser reconhecido nos livros de história. Acredito que haja um número significativo de mulheres designers atuantes no período anterior à década de 1960 que simplesmente não foram identificadas. O anonimato sempre foi um problema sério no estudo da história do design gráfico, afetando tanto os homens como as mulheres. ■ Depois, o pós-modernismo. Esse é um termo gasto demais, e cada disciplina – arquitetura, história da arte, feminismo, crítica literária, até mesmo a teologia – parece trabalhar com uma definição própria. A terceira edição traz um capítulo intitulado "O design pós-moderno", que examina as principais tendências no design gráfico rotuladas de pós-modernistas.

De que modo a história do design deveria ser ensinada nas salas de aula? Como uma coleção de pessoas, locais, movimentos e datas? Ou há alguma lição mais vital a ser transmitida? Sempre acreditei que o objetivo do ensino da história do design é reforçar a formação prática e o exercício da profissão. O ensino da história deve ter como fundamento a apreciação crítica: como a obra funcionava em sua cultura; quais eram os seus atributos sintáticos e semânticos; o impacto da tecnologia no design; o relacionamento deste com a religião, a política, o comércio, a indústria – tudo isso precisa ser explicitado. ■ Quando comecei a dar o curso de história do design, ele era oferecido aos alunos do terceiro ano. Aí a faculdade solicitou que fosse transferido para o primeiro semestre do segundo ano, pois os alunos estavam usando ativamente metodologias, conceitos, arranjos espaciais e estratégias para dar forma ao conteúdo em seus trabalhos. A direção queria que esse processo tivesse início quando os alunos se inscrevessem nos cursos introdutórios de design gráfico e tipografia. Não era uma questão de imitar os designers do passado, ou a aparência e o conteúdo de suas obras, mas de entender o que era possível fazer e mostrar as estratégias disponíveis.

O setor como um todo hoje conta com mais conhecimentos históricos e os aproveita mais em relação à época na qual você começou? Ou a história é, na verdade, uma área de estudo secundária em um campo que vem passando por mudanças muito rápidas – e no qual produzir e conseguir trabalho é a maior preocupação? Em 1978, participei de um seminário para designers que trabalham em órgãos oficiais em Washington. Depois da minha apresentação, um deles, com trinta e poucos anos, aproximou-se e disse: "As pessoas ficam me dizendo que meu trabalho é autenticamente suíço. O que elas querem dizer com isso?". ■ O trabalho era excelente. Ele estava reproduzindo a aparência de uma abordagem específica do design sem ter a menor ideia de quem havia criado os conceitos espaciais, a aproximação tipográfica, as formas simbólicas e a fotografia objetiva que estavam na base do seu trabalho. Tampouco estava consciente da filosofia e das condições sociais na Alemanha e na Suíça que deram origem aos designers que inventaram a linguagem visual que estava usando. ■ O conhecimento da história do design pode ajudar os designers a ir além do estilo e da superfície e a entender em nível mais profundo o trabalho que realizam. Pode oferecer pontos de referência úteis em meio ao fluxo acelerado da cultura contemporânea. Desde 1970, a comunidade dos designers gráficos vem se tornando, de maneira geral, mais sofisticada, mais bem formada e mais competente. Em parte, isso se deve ao movimento em favor da história do design, aos programas de formação mais exigentes e ao surgimento de cursos superiores em nível de graduação.

Para concluir, como historiador do design, você acha que a disciplina mudou muito a ponto de afetar a próxima edição de seu livro? A tecnologia, a globalização da economia e a era da informação concorreram todas para fragmentar o campo do design gráfico em uma série de áreas inter-relacionadas mas bem distintas – design impresso, identidade corporativa, design ambiental, gráfica televisiva e cinética, webdesign, design editorial, jogos eletrônicos, publicidade, design de informação etc. ■ As mudanças são tão rápidas no campo do design que nenhuma pessoa sensata se arriscaria a prever o futuro. Quando iniciei o trabalho na terceira edição do livro, a internet ainda não era um fator importante, mas aí logo virou o acontecimento mais importante da década. Isso me levou a pensar: "Como escrever a história do que está acontecendo agora?"

RICK PRELINGER

começou a colecionar filmes publicitários, educativos, institucionais e amadores em 1982 e, desde então, vem explorando a história cultural e social expressa na cultura efêmera dos Estados Unidos. Hoje, o Prelinger Archives reúne mais de 60 mil filmes, entre os quais quase 5 mil estão disponíveis na rede para consulta. Na década de 1990 lançou uma série de doze CD-ROMS, *Our Secret Century*, tratando de questões sociais obscuras ou mal-entendidas. Em 2004 lançou o longa-metragem *Panorama Ephemera*, uma colagem de sequências de filmes efêmeros enfocando a história dos Estados Unidos no século XX por meio de uma combinação de imagens familiares e inusitadas. Em 2007 Prelinger publicou *The Field Guide to Sponsored Films*, um guia que compila centenas de filmes encomendados por empresas, fundações ou órgãos públicos com relevência histórica ou cultural.

Em que sentido a história é uma mercadoria? A história tornou-se a matéria-prima usada na produção de programas de televisão, livros, exposições, parques temáticos, filmes, espetáculos de massa, museus e muito mais. Como matéria-prima, é quase sempre bastante genérica: algo a ser forjado, reprocessado, moldado, remoldado, mesclado e atenuado. Imagens, objetos e documentos históricos são vendidos, licenciados ou alugados diretamente ao público ou a intermediários, que montam produtos secundários ou terciários para ser comercializados, divulgados ou expostos. ■ Além disso, a produção de material histórico voltado para o público cresceu bastante nos últimos anos. Para constatar isso, basta olhar qualquer suplemento dominical de variedades, caderno de turismo ou a programação da TV. À medida que aumenta a expectativa de vida, os interesses populares ficam mais segmentados e o consenso social, mais difícil de ser alcançado. Muita gente prefere se refugiar da tensão do presente na contemplação do passado. E essa tendência cria muitas oportunidades de negócios. **Há algo de fundamentalmente equivocado nessa espécie de escapismo?** Intrinsecamente, não há nada de errado. As pessoas deveriam poder contemplar o passado sempre que tivessem vontade. Mas surge um problema quando aqueles dotados de consciência histórica evitam intervir nas questões atuais e deixam que as necessidades prementes de hoje sejam enfrentadas por quem pouco sabe a respeito do passado. **O que a sociedade pode aprender com esses filmes institucionais, publicitários e educativos?** Em geral, duas coisas. Em primeiro lugar, esses filmes mostram a aparência do passado de modo mais detalhado e elegante do que a maioria das outras mídias. Eles proporcionam o que o antropólogo Clifford Geertz chama de "descrição densa" de culturas, paisagens, períodos históricos e atividades que deixaram de ser acessíveis para nós. Eles são um dos exemplos mais patentes do filme como documento histórico. ■ Em segundo lugar, esses filmes revelam as crenças do passado. Uma vez que muitos deles foram deliberadamente produzidos para influenciar opiniões, vender produtos e ensinar coisas, eles constituem um fascinante registro dos meios usados pela sociedade para criar e manter o consenso. Ao mesmo tempo que mostram a aparência e o movimento das coisas, também revelam como supostamente os nossos antepassados pensavam, se comportavam e consumiam. Vivemos em uma sociedade na qual crenças de muitos tipos influem no nosso dia a dia, e constatei que o mecanismo das crenças passadas muitas vezes pode esclarecer o funcionamento dos meios de comunicação, da propaganda e da psicologia coletiva atuais.

E são lições que nos permitem agir ou estão aí apenas para, passivamente, constatarmos? Estou convencido de que é possível intervir na história. Para mim, isso significa explorar o registro histórico e reintroduzir, na cultura contemporânea, imagens, ideias, textos e objetos do passado. As estratégias de intervenção histórica podem variar, mas sempre com o objetivo de contribuir para mudanças sociais. Tal intervenção às vezes se assemelha a uma interferência cultural, na qual os resultados nem sempre são previsíveis, mas estou convicto de que a presença de uma consciência histórica torna muito mais provável uma inovação radical. ■ Portanto, a retomada da história em busca de lições ou exemplos é parte do quadro, mas o principal é a impregnação do presente e do futuro por conteúdos e ideias passadas. E é essa própria atividade – de intervenção e reinserção – que torna um pouco menos previsível o presente com que estamos familiarizados.

Como se distingue entre a mera nostalgia e a relevância histórica dos artefatos? Não dá para distinguir. A nostalgia está profundamente misturada com a história. Claro que a nostalgia foi apropriada por interesses comerciais que tentam vender a concepção de um passado cor-de-rosa, mais simples e consensual – uma visão ingênua e retrógrada. Por outro lado, o fenômeno que chamamos de nostalgia pode incorporar também outros desejos, e nem todos precisam ser desestimulados. Quando as pessoas assistem a um filme antigo e sentem vontade de tomar o próximo trem de volta àquele mundo, estão evidentemente desejando escapar de uma sociedade complexa, mas também estão tentando achar sua própria saída para uma situação que lhes parece intolerável, tomando uma direção mais tradicional. Isso pode ser bom ou ruim, dependendo de quem tem algo a ganhar ou a perder, mas gosto de pensar que há um aspecto utópico nessa fuga. Na verdade, muitas das mudanças urgentes que precisamos fazer nesta sociedade são passos para trás: colocar um freio na globalização, reforçar as comunidades locais, adotar modos de vida sustentáveis, aposentar os carros que consomem gasolina demais. Mas há muitos outros degraus que não precisamos descer: não quero nem saber de concepções nostálgicas baseadas na opressão e na exclusão. ■ Assim, para concluir esse desabafo, acho que a nostalgia é um meio poderoso para incentivar as pessoas a pensar sobre a história. Com frequência faço a exibição de filmes que exalam o kitsch e, contextualizando com poucas palavras, é possível conduzir a discussão para outra direção. Se as pessoas se encantam com o design futurista da década de 1950, começo a dizer como tudo aquilo na verdade servia de cortina de fumaça para o complexo industrial militar. Se o filme *Boogie Nights – Prazer sem limites* desperta nos jovens o desejo de adotar um estilo de vida inspirado na década de 1970, não custa lembrar que ele descreve uma cultura de crianças deixadas sozinhas em casa enquanto os pais iam trabalhar, depois da nossa derrota no Vietnã.

Os designers veem os seus filmes como uma fonte de pastiche retrô. Esse é um modo adequado de assistir a essas relíquias e aproveitá-las? A maioria dos arquivistas acha que temos a responsabilidade de proporcionar acesso aos materiais que coletamos. Na realidade, acho que temos uma responsabilidade bem maior do que essa – a de reintroduzir ativamente na cultura o conteúdo acumulado em nossas coleções. Por outro lado, ganho dinheiro fornecendo imagens para todo tipo de gente e de projetos, e não tenho quase nenhum controle sobre quem usa as imagens da minha coleção. Sem dúvida contribuí para que muita coisa retrô fosse produzida. Porém, em minha própria obra, não tenho o menor interesse no pastiche retrô. Tento dar outro tipo de exemplo. E isso é possível devido ao relativo privilégio da minha posição como dono de um arquivo.

Como os artistas podem usar esse material a fim de criar novos conteúdos? Simplesmente qualquer uso desse material gera um novo conteúdo; grande parte da novidade vem do contexto no qual é introduzido. A questão é que a própria cultura faz com que tudo pareça velho e obsoleto em pouco tempo. Afinal, o que parece ou soa novo por mais do que alguns minutos? – pelo menos até a sua reapropriação.

Historicamente, por que esse material foi em grande parte esquecido? Os Estados Unidos são um país com uma extraordinária abundância de mídias. Coisas demais acontecem constantemente para que tudo seja notado. Dito isso, o outro motivo pelo qual esses filmes efêmeros foram em grande parte esquecidos é que, mesmo tendo sido feitos por toda parte, era difícil para as pessoas terem acesso a eles, e só através de intermediários como eu os setores criativos obtiveram acesso a esse material.

Filmes desse tipo continuam sendo produzidos atualmente? Os cineastas contemporâneos aprenderam algo com o passado? Centenas de milhares de vídeos institucionais, vídeos educativos e infomerciais são produzidos a cada ano. É um negócio e tanto. Agora, porém, a produção é muito mais dispersa; não é como nos velhos tempos, quando algumas dezenas de empresas eram responsáveis por um enorme percentual da produção. E eles têm uma aparência muito distinta dos filmes institucionais do passado. Os orçamentos são mais baixos, e depois de poucos anos já parecem antiquados. Porém, os atuais vídeos corporativos e institucionais têm um aspecto em comum com os filmes corporativos do passado: eles se assemelham deliberadamente aos gêneros de entretenimento mais corriqueiros (musicais, programas de entrevistas, filmes de aventura etc.). E isso acontece pelo mesmo motivo que o dono de um cachorro esconde o comprimido de remédio em um pedaço de carne: para fazer com que a mensagem seja transmitida por meio de uma tecnologia enganosa. **Com a facilidade de acesso a esse material para uso comercial, não corremos o risco de vulgarizar a história?** Há milênios a história vem sendo vulgarizada. Enquanto a história tratar de disputas e conflitos, sempre vai haver gente empenhada em calar a sua força. No entanto, como hoje a produção dessas mídias é mais rápida, mais barata e mais fácil, há muito mais gente envolvida. Isso não significa que nossos descendentes vão ser desprovidos de senso histórico. Também não acho que a história tenha acabado. As pessoas continuam a se digladiar a respeito da história, por motivos triviais ou complexos, e isso vai continuar acontecendo, seja qual for a quantidade de imagens de bambolês ou desastres aéreos no horário nobre. **Vooô prefere o pesquisador sério que tenta entender o passado ou os entusiastas da cultura popular que saqueiam os**

tesouros culturais? Nada nos arquivos é sagrado. Podemos aprender seja com os fãs do popular, seja com os sacerdotes da alta cultura. Cada um acaba sendo tremendamente afetado pelas atividades do outro, mesmo que falem línguas distintas. E ambos afetam a cultura de maneiras muito profundas, ainda que diferentes. No entanto, ambos têm sido muito seletivos quanto aos tipos de conteúdo histórico em que se concentram, e cada uma dessas comunidades tende a não levar em conta a maioria das contribuições dissonantes. Quero que ambos os grupos frequentem o arquivo, e adoraria se tentassem se relacionar mais entre eles. ■ Meu único preconceito é que os entusiastas do popular muitas vezes parecem contar com os orçamentos mais robustos e menor capacidade de concentração. Esse tipo de abordagem pode ser às vezes frustrante. **Quem possui os direitos de propriedade intelectual desses filmes?** Ninguém detém os direitos de cerca de 60% deles, pois já caíram em domínio público. A maioria dos filmes comerciais patrocinados jamais foi registrada, ou então os seus direitos não foram renovados. Aqueles que ainda estão protegidos são as obras mais recentes (posteriores a 1963) ou os filmes educativos pertencentes a conglomerados de mídia. É um campo fértil para todos, mas talvez seja preciso pagar para alguém como eu pelo acesso a essas imagens. **É possível produzir arte a partir desses objetos prontos?** Como em tantas outras questões artísticas, isso depende apenas dos artistas. **RICK POYNOR** é o fundador da *Eye* e foi o editor responsável por 24 edições da revista entre 1990 e 1997. Além de colaborador frequente das principais revistas da área, é também cofundador do site Design Observer, que reúne textos críticos e comentários sobre design e cultura em geral. Entre os livros que publicou destacam-se *The Graphic Edge* [1993], *Design without Boundaries: Visual Communication in Transition* [1998] e *Abaixo as regras: design gráfico e pós-modernismo* [Bookman, 2010]. Como editor e escritor, ele cobriu um período importante da experimentação e estabeleceu um novo padrão para a cobertura jornalística do design.

Por que você lançou a revista *Eye*? Ao examinar as revistas de design britânicas na década de 1980, notei que havia várias publicações mensais superficiais, mas nada no gênero da crítica do design gráfico internacional. Havia publicações desse tipo em outros países: *Print*, *Communication Arts* e *Graphis*. O Japão contava com a *Idea* e a *Creation*. Mas esse tipo de abordagem não havia sido tentado com êxito na Grã-Bretanha desde que a revista *Typographica* deixara de circular, em 1967.

Como você procurou diferenciar a *Eye* das outras revistas de design gráfico? Além de estudar todas com muito cuidado para ver o que faziam de bom ou de ruim, meu partido foi dizer: "Vamos criar uma revista de design gráfico tão boa quanto a melhor revista de arte existente e levar muito a sério os critérios do jornalismo convencional". "Jornalismo crítico" acabou virando o termo que uso para descrever o que estava tentando fazer na *Eye*.

E o que exatamente isso quer dizer? A diferença crucial entre uma reportagem jornalística crítica e uma reportagem jornalística comum é que o redator, em vez de se limitar à tarefa de reportagem – de maneira inteligente talvez, mas apenas contando a história –, também acrescenta um nível de análise e comentário pessoal, a sua percepção em relação ao contexto mais amplo.

De que modo o conceito de jornalismo crítico pode ser aplicado a um texto sobre design gráfico? Com algumas exceções, esse tipo de texto costuma ser uma espécie de vitrine – no fundo, não passa de propaganda. Aquilo que poderia ser chamado de "jornalismo de divulgação", pois tem como objetivo apoiar o setor. Para começar, usando redatores que não estejam constantemente maravilhados com coisas que são novidade só para eles, mas não para os leitores. Esse é um equívoco cometido por muitos jornalistas que tratam de design. Eles não se dão conta de quão sofisticados são os seus leitores. É por esse motivo que, vezes sem conta, a gente topa com designers que consideram uma piada as publicações profissionais, pois eles sabem mais do que os jornalistas que nelas escrevem.

É difícil encontrar gente capaz de escrever esses textos críticos? Não é nada fácil. Nos últimos sete anos, tenho lutado para achar pessoas com a coragem de falar o que de fato acham. Mas há alguns problemas práticos. Aqueles que têm o grau necessário de experiência são provavelmente também designers. E com isso eles se colocam em risco, pois têm de preservar sua vida profissional nos círculos do design ao mesmo tempo que escrevem sobre colegas e amigos.

Por outro lado, escritores profissionais não ganham o suficiente para viver se escrevem sobre design em revistas especiali-

zadas. Ele precisa ser um jornalista normal, ou então aceitar trabalhos mais "comerciais", como textos de apresentação daqueles mesmos designers sobre cujo trabalho poderia algum dia ter de escrever em uma revista. Isso deixa o campo da crítica para outros, como os acadêmicos. No entanto, já vi pessoas da área acadêmica que também são extremamente cuidadosas com o que colocam no papel. A gente poderia achar que "Ah, a academia, com sua percepção implacável", mas, na verdade, quando se trata de design gráfico, os comentários acadêmicos são muitas vezes protegidos por muita cautela e tato.

Fundada em 1990, a *Eye* teve, e ainda tem, um viés pós-moderno – grande parte das suas matérias são sobre o design originário da Cranbrook, do California Institute of the Arts (CalArts), do Studio Dumbar. Isso foi uma reação à época, uma predileção pessoal ou as duas coisas? As duas coisas. Em meados da década de 1980, participei de um projeto editorial multifacetado, em torno do Brian Eno, que enfocava os novos processos na música contemporânea e a reação visual que provocavam no artista Russell Mills – igualmente experimental no contexto da ilustração. Em 1989, escrevi uma monografia sobre o arquiteto britânico Nigel Coates, que vinha explorando uma abordagem denominada "arquitetura narrativa". Com a revista *Eye* – e o meu livro *Typography Now: The Next Wave* –, acabei me aproximando das áreas do design gráfico nas quais se manifestava

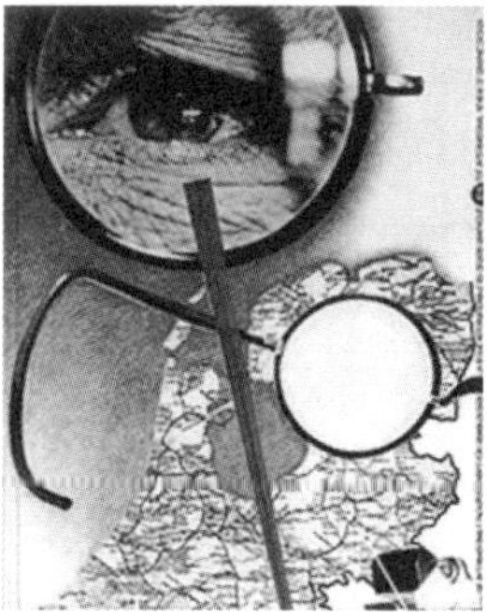

esse novo pensamento. Claro que, falando disso com a perspectiva de hoje, de 1997, aqueles projetos então considerados desvairados acabaram completamente assimilados. Mas foram esses vetores que me atraíram para aquele tipo de design gráfico na década de 1980, quando eram relativamente raros os apoios críticos.

Desde o início você conduziu a *Eye* para um determinado ramo do design em detrimento de outros. No nível mais básico, minha diretriz foi tratar daquilo que as outras revistas não estavam cobrindo, o que era o caso na Grã-Bretanha, ou não o faziam com a devida profundidade. Nunca tive interesse em mostrar projetos consensuais, inexpressivos, destinados possivelmente a conquistar prêmios e celebrados profissionalmente; embora fossem excelentes por tais critérios, já havíamos visto aquilo uma centena de vezes antes. ■ Como estávamos lançando apenas quatro edições por ano, podíamos escolher entre as melhores histórias do mundo. Tínhamos todos os motivos para ser muito seletivos. Recentemente fiz uma análise do conteúdo da revista e constatei que só nos últimos dois anos e meio começamos a tratar um pouco mais do design gráfico britânico. Nos primeiros tempos, minha impressão era a de que a experimentação mais interessante estava acontecendo em outros lugares. Quando fizemos a matéria sobre Cranbrook na terceira edição, em 1991, logo após o lançamento do livro *Cranbrook Design: The New Discourse*, foi a primeira vez, até onde sei, que Cranbrook foi analisada de modo

mais consequente na Grã-Bretanha. Tive de recorrer a uma americana, Ellen Lupton, porque na época simplesmente não havia ninguém por aqui com capacidade para escrever o tipo de artigo que ela fez.

Você está evitando mencionar nomes dos designers cujo trabalho não foi considerado adequado para aparecer na *Eye*? Você quer uma lista? São centenas. Não tínhamos interesse em falar da Trickett & Webb, da Partners ou de modernistas contemporâneos impecáveis, como a CDT e a Roundel, e outros que formavam o núcleo do setor de design britânico. Embora estivessem produzindo trabalhos excelentes, esses estúdios não representavam o novo pensamento. Não estavam fazendo nada que não tivéssemos visto incontáveis vezes.

É correto dizer que no começo, ao enfocar os designers revelados pela [revista] *Emigre* e colocá-los no contexto da *Eye* – um belo contexto em termos de design de revistas –, você os tirava da periferia e lhes conferia prestígio mais amplo? Houve alguns designers que apareceram primeiro na *Emigre*. Mas nós sempre tivemos uma perspectiva mais ampla do design e um maior senso histórico. Desde o início havia a seção de entrevistas, "Reputations", em que nossos redatores conversavam com os designers de uma geração anterior que me pareciam ter um viés progressista e podiam contribuir com observações que ainda pareciam relevantes. Não consigo imaginar a *Emigre* fazendo um perfil de Henryk Tomaszewski, ou entrevistas com Roman Cieslewicz ou Pierre Bernard. Eles provavelmente seriam considerados parte de uma geração anterior de designers e de reflexões sobre o design.

Alguns, talvez muitos, designers

acham que as revistas de design dominam o panorama profissional, que os editores fazem seleções em função de determinadas predileções, as quais por sua vez determinam o presente e o futuro do setor. Como eram escolhidos os temas na *Eye*? Não havia nenhum comitê de conselheiros a que eu pudesse recorrer. No final, os temas eram escolhidos porque, como editor da revista e alguém com um interesse obsessivo pelo tema, eu considerava importantes. Queria saber mais sobre esses assuntos e achava que esse também era o caso dos nossos leitores. Nós publicamos a primeira análise séria do trabalho da ReVerb. Fizemos um perfil da holandesa Irma Boom, uma designer de publicações e livros cuja abordagem intransigente havia provocado controvérsias em seu país. Em 1994, escrevi um artigo sobre a Tomato, pois era um fenômeno que precisava ser examinado e ninguém havia discutido as ideias deles sobre processo, que eram claramente fundamentais em sua prática de trabalho. Mais recentemente, enfocamos gente como os designers britânicos David Crow e David James, o francês Pierre di Sciullo, designer de tipos experimentais, e o suíço Cornel Windlin, que trabalhou com Neville Brody em Londres por um tempo e agora está de volta a Zurique. Todos têm trinta e poucos anos e não faziam parte da onda anterior, e tão divulgada, de experimentalistas do final da década de 1980, mas haviam surgido em seguida e estavam trilhando novos caminhos.

A *Eye* refletiu uma aparente decisão estratégica de ampliar o âmbito do jornalismo sobre design. Você publicou estudos sobre o Fluxus, *RAW* e Peter Greenaway; críticas do estilo massificado e das imagens de mulheres em revistas masculinas; discussões

do "matriarcado subterrâneo" feminista; do design popular e do elitista; do papel do designer na sociedade. Você achava que havia público para uma revista de cultura baseada em design gráfico ou estava simplesmente seguindo suas próprias predileções? Também nesse caso estava indo atrás dos meus interesses. Cabe aos outros decidir se esses interesses tinham alguma serventia mais ampla. Para mim, a *Eye* era antes uma revista de cultura visual voltada sobretudo, mas não exclusivamente, para designers, do que uma revista de "design gráfico" na costumeira acepção profissional. Acho que as definições profissionais do design costumam ser restritivas e, nos casos mais tacanhos, até mesmo uma espécie de autopoliciamento. Minha esperança era que a divulgação de alguns desses temas menos óbvios estimularia os jovens designers a questionar aquelas restrições. Com a passagem do tempo, o sentimento generalizado de desintegração cultural, o papo incessante sobre o fim das fronteiras entre as formas culturais, tudo isso parecia confirmar que aquela havia sido uma abordagem produtiva para se adotar na década de 1990.

Lembro de um perfil um tanto polêmico de P. Scott Makela, feito por Michael Rock. Era um olhar respeitoso sobre um personagem "importante", mas repleto de críticas incisivas. Por que você decidiu publicar esse artigo? Achei o texto instigante. Senti que ali havia uma voz nova e contemporânea. Gostei de sua agressividade digital. Como tive essa reação, queria ouvir mais a respeito. Mas, como você disse, o artigo acabou pendendo mais para a crítica. Eu poderia ter chamado uma centena de fãs para escrever sobre Makela em tom embasbacado, porém não era disso que se precisava ali. Já afirmei isso incontáveis vezes, até mesmo para os designers envolvidos, embora alguns ainda não tenham se dado conta: nós estamos fazendo um favor a eles de considerar suas ideias e discuti-las com seriedade. Se de fato quiserem um discurso maduro sobre o design, os designers têm de estar preparados para o risco de serem criticados e para absorverem tanto as críticas como os elogios. Makela aceitou isso muito bem e eu o respeito por isso. **Você mesmo já escreveu dois perfis críticos que deixaram os retratados furiosos – Neville Brody e David Carson.** O impulso para fazer o artigo sobre Brody veio de seu projeto *Fuse*, na década de 1990, e do que, a certa altura, me parecia ser um ataque à "linguagem" – um termo que ele usa durante toda a entrevista de maneira um tanto ambígua, parece que ele está se referindo à linguagem verbal quando na verdade está falando da linguagem visual e pressupondo que estamos entendendo. O visual suplantava o verbal. Isso

costumava acontecer comigo quando eu passava um tempo examinando a sua obra, encontrando-o pessoalmente e escrevendo sobre ele. Já era o quinto artigo que escrevia sobre seu trabalho. **Você sentiu alguma hesitação ao escrever esse perfil? O artigo sem dúvida colocava em questão os motivos de Brody, quando não a sua capacidade. Como se dissesse ao mundo do design: eis aqui o seu herói, e ele não está desprovido de falhas e inconsistências.** Se esse exemplo de fato é assim tão extraordinário em nosso pequeno pedaço do mundo, então isso só pode se dever ao fato de não termos, nem de longe, textos que reflitam um discurso maduro. **O design gráfico tem consistência suficiente para servir de assunto para os bons escritores? Será que o nosso campo oferece a eles desafios suficientemente interessantes?** Acho que sim. Mas os escritores verdadeiramente bons provavelmente vão escrever visando um público mais amplo. Às vezes, fico surpreso com o fato de que até mesmo alguns dos escritores mais acadêmicos, aqueles dos quais se esperaria uma visão mais ampla, parecem considerar como derradeiro objetivo da crítica a criação de designers melhores. "Melhores" na acepção da década de 1990: mais responsáveis, mais socialmente conscientes, mais questionadores de sua própria prática. Essa é uma das funções da crítica, mas também é uma concepção muito introspectiva do significado cultural do design. Os textos sobre arte e cinema, por exemplo, não estão voltados apenas para a formação de artistas e cineastas. Os profissionais de uma disciplina constituem apenas uma seção de um público de leitores bem mais amplo. No design gráfico, temos uma literatura que, mesmo com a recente ampliação de seus interesses, ainda se limita a servir a profissão. Por isso, é inevitável que ela seja restrita demais para os escritores mais ambiciosos. **Isso significa que estamos condenados a uma literatura de segunda linha?** Não necessariamente, se considerarmos um prazo mais longo. Mas, como todos sabemos, ainda estamos nos primórdios. Nos Estados Unidos já foram dados os primeiros passos. Daqui a duas décadas, quando virar rotina o uso de sofisticadas ferramentas digitais para a comunicação verbal e visual, muito mais gente vai se interessar em discutir e pensar essas questões. Isso já está acontecendo, e o público para um comentário mais complexo sobre a "cultura visual" – prefiro essa expressão mais abrangente a "design gráfico" – só vai crescer em função do nosso maior comprometimento tecnológico com o design. Acho que essas questões vão se tornar temas corriqueiros do jornalismo e da crítica, tal como hoje acontece com a televisão e a propaganda. Mas isso não vai necessariamente ser chamado de design gráfico.

Depois de tudo isso, por que você saiu da *Eye*? Porque editei a revista durante sete anos e 24 edições. Porque achava que já havia dito o que tinha a dizer como editor de uma revista. Acho que a *Eye* surgiu, por uma combinação de sorte e cálculo, no momento certo. Naquela altura, a tecnologia ainda estava relativamente em seus primórdios. Havia uma sensação de que tudo estava por ser feito, de que era uma época de novas ideias e que era cabível o tipo de abordagem crítica que me interessava. Isso foi há sete anos. Muita coisa surpreendente em 1990 é hoje lugar-comum e até mesmo maçante para os que estão por dentro do design. Como disse, eu tinha um compromisso com o experimental, mas acho que chegamos a um ponto em que, certamente no caso do papel, não há mais para onde ir a não ser recuar da fronteira do estilo e retomar o confronto com o conteúdo. O chamado radicalismo de grande parte do experimentalismo da década de 1990 não deu em nada. Acabou se tornando parte da máquina publicitária e comercial, e parece que é exatamente isso o que querem alguns designers. Esse é um fenômeno que requer mais atenção crítica do que vem recebendo, mas a mercantilização do estilo não é algo que me fascina. Não eram essas as possibilidades que vislumbrei nesse trabalho e que me interessava investigar. Assim, em um sentido mais amplo, também acho que a tempestade já passou. **Com a assimilação do trabalho experimental e pouca coisa de novo ou instigante no horizonte – a bonança após a tempestade, por assim dizer –, o design gráfico continua a ter algum interesse?** Continuo interessado no design gráfico, mas agora o que mais me atrai são os pontos de confluência entre design, arte e fotografia. Minhas preocupações sempre foram de certo modo históricas, e acabei de concluir um extenso projeto de pesquisa nessa área. Pretendo avançar mais nessa direção. Ainda me interesso pelas obras experimentais mais recentes, mas quero retornar a elas de uma perspectiva mais crítica, em parte por elas terem se tornado uma tendência nova e, às vezes, um tanto cheias de si. Todas essas intermináveis conferências nas quais os mesmos velhos "astros" dizem as mesmas coisas de sempre têm um ar desagradavelmente parecido com tudo aquilo que a nova guarda alegava estar substituindo. É uma espécie de clube. Também me chama a atenção o fato de que uma consciência não teórica e diluída do pós-modernismo tornou muito fácil para alguns designers evitar as implicações do que estão fazendo. Estou interessado em algumas questões antiquadas mas ainda relevantes, como aquelas referentes ao valor e aos fundamentos éticos das escolhas pessoais. Seria esclarecedor pôr à prova parte desse novo design com critérios mais rigorosos. Fiquei chocado, ao ler a literatura histórica sobre o design gráfico, como alguns designers de trinta ou quarenta anos atrás viam com muito mais clareza as questões importantes.

Costumamos achar que somos mais sofisticados, mas não tenho tanta certeza disso. A gente sempre vê e vivencia as mudanças de modo mais agudo quando elas são recentes. Uma vez que se tornam corriqueiras, torna-se difícil até mesmo percebê-las, para não falar da dificuldade em focar os pontos que talvez sejam problemáticos.

ELLEN LUPTON é curadora-adjunta de design contemporâneo no Cooper-Hewitt, National Museum of Design (Smithsonian Institution), em Nova York, onde foi responsável pela exposição *Mixing Messages*. De 1985 a 1992, Lupton foi curadora do Herb Lubalin Study Center of Design and Typography, na Cooper Union, também em Nova York. Antes de completar trinta anos, já era reconhecida por seu pioneirismo no campo da história e crítica de design gráfico. Com J. Abbot Miller, ela fundou o Design/Writing/Research, um estúdio de design dedicado tanto à pesquisa acadêmica como à prática. É autora de dezenas de ensaios críticos, alguns deles reunidos na antologia *Design/Escrita/Pesquisa* [Bookman, 2012], além de títulos amplamente adotados nos cursos de design por todo o mundo, como *Pensar com tipos* [Cosac Naify, 2ª ed., 2013] e *Novos fundamentos do design* [Cosac Naify, 2008]. Ela também dirige a cátedra de pós-graduação em design no Maryland Institute of Art em Baltimore. Em 2007 Lupton recebeu a medalha de ouro do AIGA por sua atuação como educadora.

Como você descreveria o seu trabalho como curadora de design contemporâneo? Meu objetivo é montar exposições que ampliem o conhecimento e o entendimento que a comunidade dos designers tem de si mesma, e que também esclareçam o público em geral sobre o papel e o valor do design em sua vida. ■ Quando se trabalha em um museu nacional, deve-se levar em conta pelo menos dois públicos: um mais especializado, formado pelos profissionais do design e pelos historiadores da disciplina, e outro mais amplo, o público em geral. Trata-se, portanto, de ampliar a compreensão do design por ambos esses grupos. E, no meu caso, com foco no design contemporâneo, ou seja, do século xx.

Pelo que entendi, você ocupa uma posição única no Cooper-Hewitt. No museu, todos os curadores estão vinculados a coleções; desse modo, eles fazem pesquisas e cuidam de aquisições em uma mídia específica, cada um abrangendo séculos de história. Dianne Pilgrim, a diretora do Cooper-Hewitt, decidiu que seria bom ter um curador desvinculado de qualquer coleção, que pudesse abordar o design a partir de várias perspectivas distintas. ■ Sou uma curadora no sentido intelectual, não no sentido de alguém que cuida de objetos. E isso condiz mais comigo. Não sou uma colecionadora em minha vida pessoal. Tenho mais interesse em estudar e interpretar do que em montar coleções. Embora goste de trabalhar com colecionadores, colecionar exige um temperamento específico, que eu não tenho.

Em sua função, porém, você precisa também fazer pesquisas e levantamentos. Você não trabalha apenas com coleções formadas, não é? Antes de tudo, costumo encarar o problema de um ponto de vista intelectual. Isso me leva a buscar determinados objetos – o que é o oposto de ser atraída por certos objetos que, em seguida, conduzem a uma investigação intelectual. ■ Quando monto uma exposição, sempre escrevo antes o texto, ao passo que a maioria dos curadores costuma partir dos objetos existentes. Gosto de esmiuçar a história que estou tentando contar. Para mim, portanto, a exposição é apenas mais um meio entre outros, como dar aulas, fazer palestras e escrever.

O acesso às instalações e coleções do Cooper-Hewitt alterou o modo como você conta essas histórias? Ou seja, influenciou o tipo de história que você conta? O contato direto com o objeto é algo bem diferente de examinar sua reprodução em um livro. Tanto no caso das coleções do museu, do acervo de Elaine Lustig Cohen (papelaria da vanguarda) ou da coleção de Merrill Berman (cartazes da vanguarda russa), o acesso aos objetos não se compara a uma pesquisa feita apenas com livros.

O que há no objeto original que não se encontra em reproduções ou em fontes secundárias? Esse contato direto nos permite ver como as coisas foram produzidas. Há uma tendência no design gráfico a reduzir tudo à imagem, o que sem dúvida é incentivado por todas as publicações sobre o assunto – incluindo os livros que você e eu lançamos. Os estudos sobre design gráfico não costumam nos dizer como as coisas são feitas. Tudo ali é chapado. Mas um cartaz, um papel timbrado, um envelope ou um livro são objetos. Não são superfícies planas. Só examinando o objeto a gente tem uma ideia de como foi encadernado, como foi construído, como foi impresso, como foi montado. E isso vem diretamente do objeto, não de uma foto dele.

Antes de falarmos das histórias que você está contando atualmente, queria voltar ao seu primeiro trabalho como curadora, no Herb Lubalin Study Center, e as exposi-

ções que fez ali. Mas, como um modo de começar esse assunto, como você se interessou por design gráfico? Eu frequentei a Cooper Union, em Nova York, e ali estudei design gráfico e outras coisas. Como ela tem um currículo generalista, não tive de me formar em nenhuma área específica.

E por que você escolheu a Cooper Union? Eu cresci em Baltimore. Em 1981, tentei me inscrever em várias escolas de arte. A Cooper Union era gratuita e ficava em Nova York. Como muita gente aos dezoito anos, na verdade eu não sabia muito de design gráfico nem de arte em geral. Na Cooper Union, me inscrevi em cursos de design gráfico e de pintura e escultura – este com Hans Haacke. O design gráfico era sempre uma linha de base, pois juntava o texto e a produção visual. Nos cursos com Hans Haacke, um artista que lida com mídia e tipografia em suas obras, foi algo natural mesclar o design gráfico e uma atividade mais crítica.

E Haacke, que é conhecido por suas obras polêmicas, incentivou o seu interesse por questões políticas? Claro que sim. Mas os trabalhos que fiz como estudante não eram especialmente políticos. Estava mais interessada no design como mídia e em explorar questões mais teóricas. ■ Na realidade, quem de fato me influenciou na Cooper Union foi George Sadek, com sua abordagem literária do design gráfico, baseada na tradição do livro, e ao mesmo tempo com um lado perverso e dadaísta. Embora formado na estética modernista europeia, ele não era estritamente racional. Sempre havia um elemento de surpresa duchampiana. Acompanhava de perto o que acontecia nas artes plásticas, no tipo de tradição neoconceitual de gente como Hans Haacke. Para mim, tudo isso levou ao reconhecimento do design gráfico como uma linguagem legítima. Não era apenas um meio para alcançar um fim ou uma maneira de arrumar emprego, mas toda uma maneira de pensar.

Havia uma dicotomia entre o trabalho teórico e o comercial? Não era tanto uma dicotomia, pois George via o design gráfico como um empreendimento intelectual e formal sério. Ele não estava muito interessado no design como linguagem comercial. Havia certo conflito em relação a isso na escola, no âmbito dos conselheiros. Mas George de fato dominava o modo como se ensinava design ali. Ele tinha uma concepção humanista do design, como uma disciplina estética capaz de nutrir ideias intelectuais, e não o via apenas como meio para um fim.

Como isso se manifestou em seus trabalhos como estudante? Fiz projetos juntando Derrida (o filósofo pós-estruturalista francês) e tipografia. Isso foi antes do Macintosh: eu recortava páginas de livros, separava as letras e montava pequenos livros que tentavam explorar em termos visuais as ideias do pós-estruturalismo que na época estavam em voga nos círculos artísticos. Num desses projetos fiz símbolos internacionais para conceitos psicanalíticos, que acabaram se tornando minha primeira exposição como curadora no Herb Lubalin Study Center. Eu estava explorando conceitos da filosofia e da psicanálise, tentando ver como se relacionavam com questões de design. Esses projetos experimentais constituíram a base do meu pensamento atual.

Você estava a par das discussões teóricas que ocorriam na Cranbrook, na Rhode Island School of Design e em outras partes? Eu acompanhava mais o trabalho de Dan Friedman e Willi Kunz – aquilo que na época era chamado de Nova Tipografia. E, em menor medida, de Cranbrook. Desta, eu havia visto a edição de *Visible Language*, "French Currents of the Letter", que me fez vislumbrar a possibilidade de inserir espaços entre os tipos e desenvolver uma ideia fundamental sobre comunicação.

Esse é um salto interessante, entre os substratos filosóficos no mundo da arte e a inserção de espaços entre as letras. Como foi que isso ocorreu? Quando era estudante, fiquei muito interessada no pós-estruturalismo. Mergulhei fundo em Saussure, Derrida, Barthes e Foucault, pois eles discutiam ideias fundamentais sobre a natureza da representação. Isso ficou gravado na minha cabeça. Na mesma época, minha irmã gêmea estudava na [Johns] Hopkins e em seguida se graduou em Yale; e ela estava lidando com tudo isso em um nível acadêmico profissional. Por isso, tínhamos discussões acirradas sobre o assunto, e ela me indicava esses textos. Continuei a examinar o assunto em termos do que se dizia sobre a visão, sobre a forma visual, sobre como o conceito de representação ajudava a determinar o modo como percebemos a realidade. Estava interessada em uma ideia simples: a de que as coisas não são apenas como parecem. Ao mesmo tempo, eu resistia ao que parecia ser uma intelectualização excessiva de uma prática essencialmente intuitiva.

Mas essa também era a época em que Tom Ockersee, no campo acadêmico, e Massimo Vignelli, na área comercial, estavam introduzindo o conceito de semiótica nas artes gráficas. Mas aí a abordagem era outra. Era mais uma tentativa de usar a semiótica como vocabulário científico para a descrição do processo comunicativo. O que se delineava a partir da tradição francesa, que remetia a Saussure e ao tipo de fundamento da linguística estrutural, não tinha a ver com a racionalização do processo da comunicação; era mais uma crítica de como eram as coisas. Por isso, enquanto Massimo falava em usar a semiótica para chegar à essência da comunicação e fazer uma faxina geral, alguém como Roland Barthes examinava o poço sem fundo da comunicação, o fato de que atrás de todo signo sempre havia outro e de que era impossível chegar ao fundo das questões.

E seus colegas também estavam interessados nisso? No curso de design gráfico só havia outra pessoa preocupada com isso: Abbott Miller. Mas nas artes plásticas tinha muita gente interessada, que estava se confrontando com isso, interessada nos vínculos da teoria do cinema e do pós-estruturalismo com a arte da época, especificamente com um tipo de arte baseada em mídias. Acho que também na Cranbrook isso foi levado adiante, com gente que trabalhava com fotografia e artes plásticas interagindo com designers gráficos. Era uma época em que os fotógrafos não estavam mais tão empenhados em captar o instante perfeito no tempo, mas preferiam ressaltar o aspecto mais narrativo e a base literária de seu trabalho; de algum modo, a linguagem, a escrita e a imagem haviam se encontrado.

Com tal fundamento, você tinha alguma ideia de qual seria o passo seguinte em sua carreira? O momento em que me formei coincidiu com a criação do Herb Lubalin Study Center, que estava prestes a ser inaugurado. George Sadek perguntou se eu queria trabalhar lá. Minha função era ser um pau para toda obra – e isso estava escrito com todas as letras em meu contrato. Depois de um ano, ele mudou minha função para a de curadora. Tive a oportunidade de criar alguns projetos inteiramente meus e de cuidar de outros articulados por instâncias superiores.

Quais foram esses projetos originais? Bem, um dos primeiros foi uma mostra intitulada *Global Signage: Semiotics and the Language of International Pictures*, uma tentativa de tratar da linguagem formal desses sinais que se veem nos aeroportos e reconstruir sua história e justificativa filosófica desde a década de 1920. Foi a primeira oportunidade que tive de examinar em conjunto a teoria e a prática no design gráfico.

Na sua opinião, os estudantes e os profissionais de design eram suficientemente sofisticados para entender esse viés teórico? Ou no fundo você fez isso pensando em si mesma? Queria tornar as coisas acessíveis, mas claro que havia um alto nível de complacência no que estava fazendo. Eu queria montar exposições públicas, mas em geral não me empenhava muito para atrair o público. Um dos motivos por que sempre privilegiei a publicação de textos que tivessem a ver com as exposições era o fato de que assim teria uma documentação para distribuir às pessoas. E era isso que criava uma reputação para o centro.

As mostras eram certamente pouco acessíveis, mas por outro lado se destacavam das típicas exposições autopromocionais do AIGA e do Art Directors Club. É, os temas eram um tanto cifrados. Eram voltados para um público de designers, e de nível bem sofisticado. Sempre me orgulhei de escrever com clareza e de modo bastante acessível. Mas aqueles foram pequenos projetos bastante densos. Nos últimos anos, porém, tive a grande oportunidade de criar exposições para públicos bem mais amplos. De certo modo, o Herb Lubalin Study Center foi parte da minha formação. Ali pude desenvolver esses pequenos projetos teóricos muito especializados.

As diversas mostras promovidas pelo Herb Lubalin Study Center tratavam de uma enorme variedade de temas instigantes. Não consigo me lembrar de exposições comparáveis sobre a prática contemporânea ou a história do design em escolas ou em museus de design. A mostra *The Bauhaus and Design Theory* foi uma das abordagens mais inovadoras daquele momento histórico que já vi. Abbott Miller e eu organizamos essa exposição em 1991 com o objetivo de trazer ideias da história do design para o presente. Ela enfocava o tipo de teoria do design desenvolvido na Bauhaus e em seguida tratava do design, nos quinze ou vinte anos anteriores à mostra, como reação e consequência disso. Para mim, foi uma forma instigante de lidar com a teoria do design. Fiz o mesmo na mostra sobre sinalização, tomando aquelas noções mais fortes da vanguarda e examinando como eram disseminadas nos aeroportos.

A exposição da Bauhaus foi crucial ao introduzir a crítica em sua pesquisa? Foi, no sentido de que não considerava a história ou a teoria isoladas do design contemporâneo. Ela juntava essas coisas. E salientou ainda mais a relevância do design, tornando-o menos restrito. Além disso, foi a primeira vez em que fizemos um livro que acabou publicado, em vez de um catálogo. Por isso, foi um momento de virada, um amadurecimento de todo o processo anterior.

Ao longo do tempo, você sem dúvida

acabou desenvolvendo uma concepção de qual deveria ser o papel do Herb Lubalin Study Center no âmbito da profissão e do ensino das artes gráficas. Como definiria hoje tal papel? Em função de sua dimensão e natureza acadêmica, o centro não estava na verdade em condições de se dirigir ao público em geral. Ele tinha uma missão restrita, ainda que ambiciosa à sua maneira. Minha tendência era confrontar as questões contemporâneas e ressaltar a relevância da crítica e da teoria na prática cotidiana do design gráfico. Um dos projetos que eu pretendia levar adiante tinha a ver com o estilo vernacular e essa ideia de "elitista e popular" no design gráfico, algo que de fato influenciou grande parte da comunidade na época.

Foi uma influência intuitiva ou proposital? Foi de propósito. Por exemplo, Tibor Kalman e a M&Co., o que se fazia na Cranbrook, assim como Charles Anderson: várias ideologias bem distintas que se defrontavam todas com a diferença entre uma linguagem profissional e outra não profissional. Barbara Glauber acabou fazendo a curadoria da mostra. Eu havia conseguido recursos da National Endowment for the Arts [NEA] para a exposição, que já estava na programação para o ano seguinte, mas não pude continuar. Barbara, porém, fez um excelente trabalho à sua maneira.

Sua atuação no Herb Lubalin Study Center foi bem-aceita tanto pelos estudantes como pelos profissionais. Mas sempre há essa tensão entre a teoria e a prática – sendo a primeira uma preocupação sobretudo dos estudantes, e a prática o arroz com feijão dos projetos comerciais. Dá para explicar como é a sua própria abordagem? Muitas vezes, a teoria não serve de guia prático ou de critério para a tomada de decisões no design, mas antes como instrumento para entender a função cultural do design ou as suas questões estéticas. Ela é mais um dispositivo de análise. ■ Aí temos de voltar a falar de semiótica, da oposição entre Massimo Vignelli e Roland Barthes. Como você sabe, Vignelli aperfeiçoou uma verdadeira metodologia do design que inclui critérios para a tomada de decisões. Esse é um exemplo da teoria funcionando como instrumento para tomar decisões, uma estrutura em que se pode operar. Mas a teoria também pode servir para explorar o objeto ou a prática do design, e aí não se trata tanto da prática cotidiana de escolha deste ou daquele tipo ou da definição das margens em uma página de livro, mas antes de ver como as margens de um livro se relacionam com outras coisas no mundo. É uma abordagem mais humanística. Tem a ver com o design como atividade cultural.

Cabe ao designer a responsabilidade de desenvolver e depois entender as ideias teóricas? Ou estas devem vir de fora – do crítico ou do professor de design? Em outros campos, a teoria e a crítica em geral são produzidas por pessoas comprometidas com a prática. Talvez depois elas passem a se interessar mais pela crítica do que pela prática, mas o fazem da perspectiva privilegiada de alguém que sabe como fazer. Isso vale para a arquitetura e as artes plásticas: nem sempre é o estudioso profissional que contribui com a crítica mais interessante, que muitas vezes vem do próprio âmbito da disciplina. O que não significa que essas pessoas sejam sempre os melhores designers ou artistas ou arquitetos. Elas se tornam críticas e teóricas pelo fato de estar por dentro da linguagem sobre a qual estão falando.

Em *Design/Escrita/Pesquisa*, o seu livro

de ensaios com Abbott Miller, você faz o projeto gráfico, escreve e faz a crítica da área desde o seu interior e olhando para fora. Como curadora-adjunta de design contemporâneo no Cooper-Hewitt, você tem de fazer ambos os movimentos, de fora para dentro e de dentro

para fora. Você é responsável por apresentar narrativas e, na verdade, esclarecer o público sobre uma ampla gama de aspectos do design que ele talvez desconheça. Sua primeira exposição no Cooper-Hewitt, *Mechanical Brides* [*Noivas mecânicas*, citação do título do livro de Marshall McLuhan de 1951], em 1994, era sobre o modo como os designers industriais e publicitários visaram o mercado feminino entre 1930 e 1960. Ela se afastava do design gráfico, enfocando o design industrial de perspectivas inusitadas para o público em geral. Como foi fazer uma exposição voltada, ao mesmo tempo, para esses dois públicos, o especializado e o geral? O tema da mostra *Mechanical Brides* era o design industrial. Ela incluía objetos da cultura de massa do século XX que haviam ficado associados às tarefas femininas. Para mim, o desafio foi achar uma maneira de contar a história social e a história feminista desses objetos sem recorrer a um monte de painéis com estatísticas, do tipo quantas horas as mulheres passavam na cozinha e coisas assim. ■ O que tentamos fazer foi vincular esses objetos a um mundo de imagens, de tal modo que anúncios publicitários, fotogramas de filmes, fotos documentais e depoimentos se tornaram as vozes dos objetos. Essa foi, em grande parte, uma maneira bem visual de contar a história desses aparelhos industrializados e de como a evolução formal e tecnológica deles podia ser mapeada e interpretada por meio de um conjunto de imagens – sem recorrer a muitas palavras.

O que foi crucial para contar essa história? Meu objetivo era fazer com que as pessoas vissem suas próprias vidas exibidas no museu, em vez de se depararem com algo refinado, obscuro e precioso. Queria que as pessoas olhassem de outro modo para objetos muito corriqueiros. Acho que elas gostam disso.

Você diria que foi uma mostra polêmica ou agressiva? Alguns críticos, sobretudo Herbert Muschamp, do *The New York Times*, a censuraram duramente por ser "feminista" demais. Não era nada agressiva. E ressaltava claramente aspectos prazerosos. Em nenhum momento se dizia, em relação às mulheres que tinham sido donas de casa, que elas haviam desperdiçado suas vidas. A exposição não era negativa e, de certo modo, tinha até um caráter quase nostálgico. Era prazeroso contemplar aquelas coisas do passado, e procuramos incorporar esse prazer na maneira como a mostra era vivenciada.

Mas também havia a perspectiva crítica. Você apresentou uma nova versão da história que se afastava da concepção popular. Só recentemente os estudos culturais passaram a se voltar para tais questões. E você apresentou sua versão tanto para uma geração mais jovem como para aquela geração que tinha vivido na época. Como foi possível conciliar isso? Bem, recorrendo tanto à história como à sociologia de inspiração feminista, que enfocam a realidade da segregação no trabalho, por exemplo, em função das tecnologias. Na área de atendentes de telefone, cerca de 90% dos empregados são mulheres até hoje. Antes de 1974, a proporção chegava a 100%. Portanto, estávamos abordando algumas dessas realidades e tentando mostrar que a ideia de que a tecnologia libertou a mulher de certos tipos de trabalho não passa de um mito. As pesquisas sociológicas sobre trabalho feminino e tecnologia mostram que não é bem assim. À medida que esses aparelhos modificaram a natureza de certas tarefas domésticas, surgiram outros tipos de tarefa que tomaram o lugar das antigas. Na verdade, o fato de as mulheres passarem a integrar a força de trabalho foi o que provocou a diminuição do tempo que dedicavam às tarefas domésticas e também a queda dos padrões de manutenção do lar. Não foram as máquinas que desencadearam isso, e sim o modo como as mulheres passaram a gastar o seu tempo, o valor econômico que seu tempo havia adquirido.

E como surgiu a ideia de montar a exposição? A exposição foi decorrência de outra mostra que eu acabara de fazer junto com Abbott Miller, intitulada *The Bathroom, the Kitchen, and the Aesthetics of Waste* [O banheiro, a cozinha e a estética do lixo]. Era uma história da tecnologia doméstica com foco no consumo. Entre os pressupostos desse projeto estavam o feminismo e a pesquisa sobre mulheres e tecnologia. Eu quis levar isso adiante e de fato me concentrar na questão das mulheres e dos meios de comunicação.

E o que a levou a pesquisar essa área? Na época, Abbott e eu estávamos participando do programa de história da arte da City University of New York (CUNY), onde frequentávamos um curso sobre arte americana na década de 1930 que despertou nosso interesse pelo desenho industrial. Comecei a fazer uma pesquisa sobre alimentos e embalagens na cozinha – que em nossa casa fica sob o meu controle. E ele começou a trabalhar no design relacionado com o banheiro – esse é o domínio dele em casa. ■ Constatamos então que esses espaços eram a frente e o verso da mesma história. A cozinha é o ponto de entrada do consumo e dos bens da casa, e o banheiro é o ponto de saída. Tínhamos esse retrato da estrutura doméstica a partir desses dois lados que, em geral, são esquecidos. Henry Dreyfuss comentou certa vez que o modernismo entrou nos lares americanos pela porta dos fundos: pela cozinha, banheiro e área de serviço, e em seguida avançou para a sala de estar graças ao aspirador de pó, e que foram essas tecnologias de consumo e de higiene pessoal que conferiram ao modernismo uma voz nos lares americanos.

De quais pressupostos você partiu ao iniciar a pesquisa para a exposição? E o que havia mudado no final? A tese era que havia um vínculo entre o consumo corporal e o consumo econômico. Adoro conceber uma exposição a partir de uma metáfora simples, uma espécie de estrutura, e em seguida desmontá-la e ver como funciona. ■ Quando se inicia um projeto, a pesquisa é feita no vazio e tudo chama a atenção. Aí a gente começa a distinguir um padrão e, quando dá certo, há aquele momento do "ahá!" quando se tem uma ideia, e o restante da pesquisa passa a girar em torno dela.

No caso da mostra *Mechanical Brides*, qual foi esse momento do "ahá!"? Foi o telefone. Jamais havia pensado no telefone como um dos objetos da exposição. Era uma mostra que teria eletrodomésticos e equipamentos de escritório, como máquinas de escrever e móveis profissionais, gravadores e coisas assim; e, em relação à casa, máquinas de lavar, ferros de passar, secadores de cabelo etc. Mas aí, enquanto estava fazendo a pesquisa, em revistas como *Fortune*, *Good Housekeeping*, *Ladies' Home Journal*, *Life* e outras, sempre apareciam imagens de telefone. Eram imagens que estabeleciam uma comunicação, de modo bem literal, entre o mundo masculino do trabalho nos escritórios e as tarefas que definiam o lugar da mulher no escritório e depois no lar. No caso do lar, o telefone surgiu na década de 1950 como produto dirigido às mulheres, como item da decoração doméstica. E há toda uma história de mulheres e telefones. As mulheres de fato falam muito ao telefone, isso já se comprovou em estudos sociológicos sobre o uso do aparelho. ■ Houve então um momento de espanto ao nos darmos conta de que, bem, eis aí um objeto que literalmente estabelece uma ponte entre aqueles dois mundos. Mais do que qualquer outro objeto na exposição, o telefone é algo que vemos como neutro, assexuado, e no entanto ele tem essa ressonância na cultura popular e nas condições em que é usado – e as mulheres sempre tiveram uma relação especial com esse instrumento.

O telefone já simbolizou muitas coisas além de ser um meio de comunicação de massa: prestígio, progresso etc. O que mais você descobriu? No início do século XX, surgiu toda uma literatura pornográfica em torno de cartões-postais eróticos que mostravam mulheres falando ao aparelho – aí está a origem da *call girl* [garota de programa], dessa espécie de prostituta autônoma. O filme *Disque Butterfield 8* é um bom exemplo. Elizabeth Taylor fazia a *call girl* no filme, e sua virtude torna-se evidente no momento em que ela cancela o serviço de mensagens e se torna uma mulher pura – para logo em seguida morrer em um acidente de carro, pois de qualquer modo tinha de pagar por seus pecados. **No entanto, nem sempre o telefone foi um produto de consumo. Não faz muito tempo que os aparelhos eram alugados pelas companhias telefônicas. E quem quisesse um telefone colorido tinha de pagar mais todo mês.** Antes da dissolução da Ma Bell, a AT&T não via o telefone como produto de consumo. Na década de 1950, houve uma mudança extraordinária quando se percebeu que ele poderia ser mercantilizado, que poderia ser dotado de personalidade e estilo – tal como havia ocorrido com a torradeira e outros aparelhos, que no início eram vistos como simplesmente neutros. Daí surgiu o modelo de telefone Princess; o modelo para ser fixado na parede da cozinha ou na porta de um armário e não ocupar espaço no balcão; os telefones coloridos; as extensões para os diversos aposentos, muitas vezes vendidas com a sugestão de que assim as mulheres se sentiriam mais seguras em casa. Agora podiam ter telefones em vários lugares e, portanto, era como se estivessem vigiadas por essa tecnologia. ■ Ninguém havia falado de nada disso antes. No entanto, é óbvio pelo material de marketing e pelos anúncios que eles eram dirigidos diretamente às mulheres, como consumidoras dessa nova e cada vez mais complexa rede de telefonia doméstica. **Qual foi o resultado mais satisfatório daquilo que você trouxe à**

consciência do público? Ficou claro que a exposição tocou em um ponto sensível. De certo modo, embora tivesse um foco restrito, ela acabou atingindo pessoas que não estavam interessadas apenas em design, mas também na cultura desses objetos.

E foi de fato uma mostra de design? Era certamente design de uma perspectiva sociológica, em oposição a design de uma perspectiva da estética, ou da tecnologia, ou da invenção, ou dos designers. Ela tinha como foco os objetos na medida em que lidava com questões estéticas, como o uso da cor e da forma nos telefones, ou a aerodinâmica das máquinas de lavar roupa. Tentei ressaltar as implicações culturais de tudo isso em vez de considerar esses aspectos como fins em si mesmos.

Esse projeto nasceu da intenção de provar que as mulheres haviam sido manipuladas pelos meios de comunicação sob controle dos homens? Iniciei o projeto com muitos pressupostos. E muita coisa foi sendo refinada. No final, o sentimento era mais positivo do que negativo. No princípio, meus sentimentos eram bem negativos em relação ao material, e achava que isso iria se refletir na mostra. Concluído o processo, porém, senti que estava bem mais receptiva.

Isso significa que você levantou novos indícios sobre o papel da mulher naquela época? Ou houve outra revelação? Percebi que a história também deixava transparecer o prazer e a diversão que muitas mulheres associam às tarefas domésticas. Na década de 1950, os novos aparelhos e as casas mais bem projetadas melhoraram de fato a vida delas – e isso não foi o resultado de uma conspiração. A *Design Issues* publicou uma matéria sobre a exposição, escrita por Susan Sellers, que é muito simpática. Mas ela fez alguns comentários críticos do tipo "a curadora não tem uma argumentação convincente comprovando uma conspiração contra as mulheres". Jamais apresentei tal argumentação porque não acho que havia conspiração, em sentido estrito, e o design, por si mesmo, não foi o responsável pela divisão do trabalho. Ele participou desse processo, conferiu-lhe uma forma visual, contribuiu para a sua aplicação, tornou-o mais suportável e até, em certa medida, o mitificou. No entanto, acho que os designers têm essa ilusão de que o produto de seu trabalho é uma força muito poderosa na sociedade e que, quando alteram a forma dos objetos, também estão alterando padrões mais amplos. Tentei mostrar isso na exposição. Não tínhamos a intenção de fazer com que as pessoas fossem à exposição e sentissem que a vida delas estava sendo atacada.

Vamos falar sobre as mídias com que você trabalha. Você também publicou um livro por ocasião da mostra. Quais são as principais diferenças além do formato? O livro é um documento autônomo, e não um catálogo da exposição. Há muitas imagens no livro *Mechanical Brides* que não foram incluídas na mostra por uma questão de escala. Cada um se comunica a seu modo. Queria que o espírito das revistas e das propagandas se refletisse na qualidade do livro, que tem uma estética de colagem e é muito convidativo à leitura, com muitas citações em destaque, linhas do tempo e coisas que podem ser lidas de vários modos.

Você acha que a exposição e o livro visam públicos distintos? O livro deve sempre ser uma maneira de dizer mais do que é possível na exposição. No livro há mais palavras e menos imagens. Essa mudança nas proporções permite que se explorem temas em maior profundidade, e também o uso de notas de rodapé; com isso, dá para proporcionar aos leitores de fato interessados o acesso a mais informações e às fontes utilizadas, o que não é viável em uma exposição. E, sem dúvida, é um livro erudito nesse sentido. Não é escrito com viés jornalístico, ou seja, não se trata apenas de fazer um relato e contar com a confiança do leitor. É um livro bem fundamentado. Porém, em termos visuais, ele é muito divertido e livre, sem a aparência de um livro acadêmico.

Uma das características que a distinguem da maioria dos outros curadores que conheço é que você mesma projeta as exposições, os livros e os outros materiais impressos. É impressionante como consegue fazer tantas coisas. Bem, de um lado, isso significa que tenho de trabalhar muito mais, pois acabo fazendo todas essas coisas ao mesmo tempo. Por outro lado, há uma incrível sensação de liberdade e onipotência quando se sabe que é possível fazer algo mais ou menos por conta própria. Acho que isso acaba me levando a trabalhar com mais rapidez e agilidade.

Você tem uma filosofia de design? Eu diria que há um estilo gráfico Lupton (e Miller) que remonta à época da Cooper Union e está presente em seus catálogos e livros. Sou uma pesquisadora para quem o design é, ao mesmo tempo, tema e meio de expressão. Estou interessada no modo como as estratégias de design podem ser usadas para amplificar e interpretar um tema. E esse tema não precisa necessariamente ser o design. ■ O que me interessa é a capacidade de usar o design como meio de interpretação, o que significa manter um relacionamento muito intenso entre o design e o texto. Há outros que também trabalham assim; a obra de Bruce Mau é um exemplo de abordagem parecida, ainda que diferente em termos visuais, na qual há um interesse em todo o documento, e não só com a sua aparência, mas também um comprometimento de fato com a estrutura do texto.

Não consigo ver nada em três dimensões. Já é muito difícil ver em duas. Como isso funciona para você? Essas atividades distintas se reforçam mutuamente? Também não me vejo como designer de exposições tridimensionais e, nos projetos de grande escala, costumo trabalhar com designers especializados nas três dimensões. Na exposição *Mixing Messages*, trabalhei com dois arquitetos. Eu nem sonharia em projetar sozinha aquela mostra.

Você desenhou os displays da exposição *Avant-Garde Letterhead* (na galeria Strathmore, do AIGA Design Center, na primavera de 1996), e o projeto foi extremamente bem-sucedido na junção da geometria e cor da papelaria ao ambiente tridimensional. Aí foi bem mais simples. A galeria do AIGA é um espaço fácil de ser organizado. A mostra incluía uma quantidade restrita de objetos, todos do mesmo tamanho. É outra história tentar ocupar a mansão Carnegie – o prédio onde está instalado o Cooper-Hewitt – com quatrocentas ou quinhentas peças de design gráfico, desde cartazes com quase dois metros até cartões de visita.

Isso nos leva a *Mixing Messages*, a primeira exposição museológica dedicada ao design gráfico desde 1989, quando houve a mostra *Graphic Design in America*, no Walker Art Center.

Qual é a peculiaridade dessa exposição? Trata-se de um levantamento do design gráfico produzido nos Estados Unidos nos últimos quinze anos. Foram quinze anos importantes. Também foi o período que passei a acompanhar o design gráfico, e no qual muita gente consolidou seu trabalho, formando talvez uma espécie de terceira geração de designers gráficos. E foi uma época extremamente produtiva, com muita coisa diferente acontecendo ao mesmo tempo. Durante esse período, não houve nenhuma instittituição predominante no campo do design. ■ Queria fazer uma mostra sobre o que está acontecendo bem agora. *Mechanical Brides* era uma mostra histórica, assim como *Avant-Garde Letterhead*. A ideia era fazer algo enfocando o design gráfico contemporâneo, algo que o museu nunca havia feito. E, sendo um museu nacional de design, era algo que devíamos fazer.

Por que motivo, com exceção da mostra no Walker (que foi apenas para outro museu, além da IBM Gallery em Nova York e do Design Center em Londres), nenhum outro museu americano enfocou o design gráfico em outros termos que não fossem coleções de cartazes antigos ou livros raros? Acho que muitos curadores de museus nem sequer veem o design gráfico como um campo específico, como algo que conecta uma papelaria a um cartaz, uma marca a um livro ou revista. Esses objetos parecem ser de categorias completamente diferentes, cada qual com sua tradição e convenção, formando um conjunto disparatado. São raros os museus que reconhecem o design gráfico como um discurso. **Mesmo que o usem constantemente em publicações, anúncios, etiquetas em exposições etc.?** Para eles, não passa de um serviço. Além disso, o design gráfico contemporâneo ainda não é colecionado, não é valorizado como os cartazes da vanguarda, por exemplo, ou outras coisas do passado. Ainda não tem pátina. Portanto, não cabe na programação da maioria dos museus, ao passo que a arquitetura tem um lugar reconhecido em nossa sociedade, o que torna bem mais fácil para os museus expor a arquitetura contemporânea. **Na minha opinião, seria muito mais excitante ver nos museus o design gráfico contemporâneo, que é muito conveniente para uma exposição. As mostras de arquitetura são complicadas, pois só é possível expor fotos ou plantas, que não são de fácil compreensão, ou então maquetes, que são ótimas porém muito caras, e em geral não é possível incluir muitas delas.** No caso do design gráfico, o que a gente vê é o próprio objeto, o que é maravilhoso.

Além do fato de o design gráfico ser algo incrível de se ver, como você estabelece as conexões? Como contar a história do design gráfico de modo que o público entenda aquilo que, para você, já está bem entendido? A reunião de centenas de objetos em um espaço relativamente pequeno serve para indicar que se trata de uma prática unificada. Quando se considera o meio da tipografia como um código, como uma estrutura que interliga todas essas coisas, ela ajuda por si mesma a indicar às pessoas que elas estão diante de um universo conectado. Não um universo coerente, necessariamente. E com certeza não um universo totalizado ou unificado, dominado por determinado estilo, pessoa ou filosofia. Mas há coisas que, como mídia, podem ser compatíveis umas com as outras. O vínculo crucial é a tipografia. Por isso, toda uma seção da mostra é dedicada à tipografia, a fim de tornar o público mais consciente dessa forma, que é uma segunda natureza para todos nós.

Imagino que você poderia montar uma exposição inteira sobre tipografia, e que ela abrangeria praticamente tudo o quer tratar nessa mostra. A tipografia é a gramática, o meio circulante, o conjunto de possibilidades técnicas e formais que, por assim dizer, interliga o campo do design. A capacidade de transformar manuscritos em textos impressos é uma das características básicas do design gráfico; a própria democratização dessa capacidade é uma das coisas que hoje afetam o design, tornando possível a produção editorial menos rígida, e assim por diante.

Quais são os outros componentes da exposição? Há outra seção que trata da identidade. O design gráfico serve para a criação de personalidades visuais que agrupam pessoas, empresas ou produtos em famílias com um aspecto visual específico. Incluímos de tudo, desde identidades corporativas globais, como o logotipo da FedEx, até a Women's Action Coalition e coisas que estão acontecendo no nível da rua, onde o design gráfico é usado na divulgação de identidades de grupos.

A exposição *Design in America*, no Walker Art Center, foi alvo de duras críticas, como você sabe, por ter ignorado designers importantes em favor de outros. O discernimento de um

curador é crucial na montagem de uma mostra relevante. Por isso, gostaria que falasse de seus critérios como curadora. Quais foram esses critérios? O que a levou a escolher, por exemplo, a FedEx ou a Women's Action Coalition como paradigmas? O que determina tais decisões? No período contemporâneo, não existem mais aqueles grandes programas de identidade corporativa que eram comuns nas décadas de 1960 e 1970. Para mim, era muito importante incluir alguns exemplos de identidade de escala abrangente, realizadas por grandes empresas que haviam de fato investido em pesquisas. E, curiosamente, algumas das maiores delas fracassaram, como no caso do logotipo da Time Warner. (Vamos mostrar aquele feito por Steff Geissbuhler para a Time Warner.) Mas não é uma história tão bem-sucedida quanto a da Mobil na década de 1960. **E quanto a marcas como Reebok ou Nike?** Incluímos a Nike por meio da propaganda e vamos mostrar alguns trabalhos da Wieden & Kennedy. Mas não vou retomar toda a história do logotipo alado da Nike. **Tipografia, identidade... Que outro domínio importante há no campo do design?** Outra parte da mostra trata da parte editorial. É ali que vemos o design como uma mídia específica. Publicar algo é tornar pública a informação e formar um público pela disseminação da informação. Essa seção da mostra lida com livros, capas de livros, revistas e mídias eletrônicas. ■ A seção introdutória da exposição é intitulada "Design on the Street" [Design na rua]. O salão principal do museu é uma espécie de paisagem urbana – a rua como microcosmo daquilo que é o design, uma mídia a que recorrem inúmeros segmentos distintos da sociedade, desde as grandes corporações até grupos de música e de teatro locais, passando por organizações militantes. Com isso, podemos expor cartazes de maneira legítima. Como você bem sabe, a maioria dos museus, nas raras vezes em que se voltam para o design, acaba exibindo cartazes. Há um bom motivo para isso. Os cartazes são ótimos para ser vistos. Têm um extraordinário valor expositivo e são de fato muito divertidos. Encontrei locais em que podem ser expostos de maneira legítima, como uma mídia entre outras, em vez de criar uma seção na qual os cartazes são exibidos como obras de arte.

Você disse que, na exposição *Mechanical Brides*, a ênfase era nos objetos, e não nos criadores. Acontece o mesmo aqui? O criador é menos relevante do que os próprios objetos? Essa mostra é mais orientada para o criador. Não se trata mais de uma perspectiva sociológica do design. Embora não seja articulada em torno de pessoas, nós nos empenhamos ao máximo para descobrir quem fez o quê e para entrevistar os designers e explicitar os seus motivos.

E como essas contribuições aparecem na exposição? Grande parte das entrevistas vai estar no site da exposição. Conversei com muita gente e transcrevi essas entrevistas, inclusive de alguns que não estão mais vivos, como Muriel Cooper e Dan Friedman. ■ Essa não é uma exposição sobre os designers em si, mas alguns deles aparecem em várias seções dela, pois são relevantes para diferentes aspectos do design. Não há seções específicas sobre Paula Scher ou April Greiman, mas o trabalho delas aparece no contexto apropriado. Esta é uma preocupação da mostra: ressaltar que todas as coisas com que lidamos no cotidiano foram projetadas por pessoas.

Quando se escreve um texto ou se faz a curadoria de uma exposição, é preciso fazer escolhas e depois apresentar as conclusões para o mundo. Com base em quais critérios você decide que um designer é importante? E há diferença entre dois designers relevantes? Tal decisão depende de muita coisa. O que tento fazer é alcançar um equilíbrio entre reconhecer as realizações da comunidade do design e dos indivíduos que todos reconhecemos como influentes, e evitar que todas as decisões sejam definidas por isso. Quero me manter aberta para aquilo que ainda não está no mapa.

Você recorreu a algum critério para definir ou determinar quem faz parte desse cânone? Há outros elementos que também são importantes, seja estéticos, filosóficos ou políticos? A questão é: trata-se de algo estimulante para o olhar? Quando se monta uma exposição, o que se quer são objetos que sejam visualmente poderosos. Claro que isso é muito subjetivo, e sem dúvida a mostra reflete as minhas predileções e aquilo que considero relevante. Sem dúvida tenho uma propensão para o modernismo, mas creio que é uma concepção do modernismo muito aberta. Assim, por exemplo, tenho resistido, porque não me agradam, a obras de apelo predominantemente nostálgico. Mas isso não significa que os trabalhos nessa mostra não se relacionem com a história.

Como você faz essa distinção? Os trabalhos da Drenttel Doyle Partners, na minha opinião, não têm nada de nostalgia, no entanto eles se baseiam em uma espécie de tradição do livro e da tipografia como mídia literária. Grande parte das obras de um designer como Charles Anderson é extremamente nostálgica, mas muito do que ele está fazendo com ilustrações e tipos antigos inusitados tem uma característica muito inovadora e inventiva. Sua força visual não deriva só de uma espécie de recriação do passado. Porque não é o passado. Muita coisa na exposição está arraigada na história – de uma maneira que reconhece a persistência da palavra e um senso do design como uma linguagem, e portanto algo que pode ser partilhado e sempre pressupõe algum tipo de terreno comum. Pode-se intervir nesse terreno comum de maneiras incisivas, claras, diretas e inovadoras, ou, por outro lado, de maneiras muito débeis, açucaradas e comerciais.

Vamos voltar à sua concepção aberta do modernismo. Uma vez que a mostra abrange os últimos quinze anos, não estamos falando do modernismo de Paul Rand ou Rudolph de Harak. Seria então o "modernismo radical" de Dan Friedman? Há conceitos da vanguarda do início do século XX, da época em que o modernismo emerge, que têm muito a ver com a diversidade de linguagens. O dadá, o futurismo, o surrealismo e até o construtivismo não eram singulares. O interesse pela colagem e a reapropriação de objetos e frases já existentes, assim como a absorção de elementos preexistentes da tecnologia, como a impressão direta, e o uso de tudo isso para fazer algo novo, reaproveitando sua estrutura – tal forma de pensar continua a ser fecunda. O período atual é marcado pela diversidade e pela mistura, e é por isso que escolhemos o nome de *Mixing Messages*.

Em que ponto ocorreu a divergência entre o modernismo da década de 1950 e o modernismo contemporâneo? O movimento identitário das décadas de 1950 e 1960 – extremamente sistemático e preocupado com a uniformização, as formas perfeitas e o sistema perfeito, o sistema contínuo capaz de acomodar todas as situações possíveis – não é algo que faça muito sentido na cultura contemporânea e tampouco acabou se mostrando bem-sucedido ou justificado, quer no mercado, quer em outras partes. Mas isso não implica que outras ideias do modernismo devam ser descartadas ou desconsideradas. A ideia de que o design tem um potencial crítico vem do modernismo – do design como algo que não se limita à satisfação de expectativas, mas que vai além. Do design como algo mais do que apenas solução imediata, mera decoração, mera adequação, mero cumprimento de uma encomenda – enfim, do design como algo mais visionário. Isso é algo que vem da vanguarda. E há também a noção do designer como artista, como pensador, como ator social – e não como mero provedor de serviços. **E o que nessa exposição mostra isso com mais clareza?** Os projetos de Dan Friedman para a coleção de livros com Jeffrey Deitch são exemplos de uso muito vigoroso e visionário do design, no qual o designer se torna editor e o próprio design vira uma forma de pesquisa no sentido em que eu vinha falando do meu próprio trabalho. Muito do trabalho experimental realizado na Cranbrook no final da década de 1980 usa o design como mídia experimental, e isso também teve impacto no design do mundo real. **Esses são projetos mais artísticos do que voltados para os consumidores; e quanto aos trabalhos mais comerciais?** Há o trabalho de Paula Scher para o Public Theater, que tem um bom espaço na exposição; é simplesmente espantoso ver isso nas ruas de Nova York. Igualmente surpreendente é o trabalho de Paul Davis. Em certo sentido, o desafio de Scher era inventar algo diferente, o que ela conseguiu ao privilegiar a tipografia.

O que você gostaria que o público em geral aprendesse com essa exposição? Desde a abertura da mostra, venho conversando com jornalistas da "imprensa cultural" em geral, gente que se interessa por design, mas não está tão envolvida quanto você e eu. Para eles, o design gráfico está a serviço do comércio – os designers promovem produtos e criam identidades corporativas. Meu objetivo é que a exposição faça com que esse tipo de público – o público educado em geral – veja que o design gráfico tem uma vitalidade própria e independente. Todo cartaz na rua é uma obra de arte efêmera. A mistura de mensagens nas ruas reflete a mistura de transeuntes, cujas vidas se cruzam brevemente. No campo do desenho de fontes, que veio à tona para o público no decorrer da última década, a forma das letras adquiriu personalidades marcantes, das mais esquisitas às mais elegantes – os caracteres do alfabeto também têm histórias para contar.

Após dois anos preparando a mostra *Mixing Messages*, que ideias você extraiu do exame de todo esse material? Reservei toda uma galeria para as publicações, nas quais os designers desempenham papel crucial na elaboração do conteúdo. O projeto de um livro, uma revista ou um CD-ROM molda a experiência do usuário e a sua compreensão do produto. Enquanto uma propaganda é um texto sobre um produto que está em outra parte, o design de uma revista é o produto. Uma revista depende de seu projeto para marcar uma posição junto ao público e ao seu assunto. Na área editorial, os designers estão virando autores. Em maior ou menor escala, em complexos projetos de CD-ROM ou fanzines independentes, a área editorial é um espaço no qual os designers têm oportunidade de articular concepções próprias. Isso é algo excitante para mim em termos pessoais, e é por aí que vislumbro o futuro do design.

Depois de dedicar tanta energia a um levantamento exaustivo, o que resta para instigar a sua curiosidade intelectual? O que resta para você explorar no campo do design gráfico? Continuo muito interessada no design gráfico. Como a mostra *Mixing Messages* é um amplo levantamento que visa apresentar o design gráfico ao público em geral, a próxima coisa que pretendo fazer, aproveitando essa base, é me dedicar a estudos mais detalhados e focados. Talvez uma exposição ou um livro. Mas gostaria de dar continuidade ao que Abbott Miller e eu fizemos em Design/Writing/Research e me concentrar nas diversas relações entre o design gráfico e as outras disciplinas do design, como a tipografia na arquitetura. Esse levantamento agora me dá o direito de focar mais. Francamente, depois de tudo isso, conquistei esse direito.

Que ideias você extraiu do estudo de todo esse material? Uma delas é que o design gráfico não se resume a uma única coisa. Ele é tanto um discurso entre pessoas preocupadas com questões muito sutis a respeito da forma e da função, como um fenômeno cultural extremamente difundido. Ele é ambas as coisas. Eu ficaria muito satisfeita se o público saísse da exposição entendendo que o design é uma disciplina que lida com questões, mas também que está por todos os lados. Na verdade, acho que está tanto em todas as partes como em nenhuma parte, que é ao mesmo tempo um diálogo muito específico e complexo, e também uma atividade e cultura acessível a muita gente, e está se tornando cada vez mais aberto.

Agora que divide uma cátedra no departamento de design gráfico do Maryland Institute of Art, você tem intenção de alterar o currículo básico do curso de design? Queremos que os designers gráficos sejam culturalmente letrados – isto é, conscientes do lugar que ocupam na sociedade e conscientes da história e das possibilidades de seu próprio campo. A tipografia permanece no centro do design gráfico. É ela que conecta a mídia impressa à multimídia e ao que vem em seguida. Procuramos partir da tipografia como um corpo de conhecimentos e um meio de comunicação expressivo.

Tudo o que você já realizou como designer, escritora, editora e curadora vai influenciar o seu trabalho como professora? Em caso afirmativo, em que direção? Quando era mais jovem, eu achava que os estudantes de design deviam conhecer a história do design gráfico porque era "bom para eles" – porque os tornaria mais críticos e socialmente conscientes, e faria deles cidadãos melhores. Continuo achando isso, mas também acredito que precisam da história porque isso vai torná-los designers melhores. Os estudantes que ignoram o que veio antes ou o que está acontecendo agora simplesmente não têm as condições mínimas para trabalhar de modo competente, criativo e culturalmente relevante.

Como professora, você estimula seus alunos a seguir as últimas tendências e estilos ou há objetivos mais amplos a serem perseguidos?

É fundamental que os estudantes sejam capazes de entender e lidar com o conteúdo. Os estilos também são importantes – eles precisam aprender a entender o conteúdo por trás dos grandes estilos e reconhecer o estilo próprio do bom conteúdo.

As bases de sua formação em design – os modelos teóricos pós-modernos – ainda são válidas hoje? A ideia de que o conhecimento é relativo em termos culturais e que o design existe como uma linguagem de relações atuantes em um âmbito social mais amplo continua a ser crucial para o meu entendimento do design gráfico. Ainda não estou preparada para descartar essas percepções fundamentais, embora muitos dos meus pares pareçam ter encontrado respostas mais satisfatórias na religião, no misticismo e no culto do ego.

KATHERINE MCCOY foi professora de design de comunicação no Instituto de Design do Illinois Institute of Technology (IIT) de 1995 a 2004. Entre 1971 e 1995 ela dirigiu (junto com o marido, o designer industrial Michael McCoy) o departamento de graduação em design da Cranbrook Academy of Art, onde administrou um influente programa que contestava os pressupostos do design modernista. No campo da crítica do design, sua atuação incluiu a coprodução do documentário para televisão *Future Wave: Japan Design* e a coautoria e projeto do livro *Cranbrook Design: The New Discourse*, publicado pela Rizzoli International em 1991. Katherine é membro da Alliance Graphique Internationale (AGI) e recebeu diversos prêmios, entre eles a medalha de ouro do AIGA em 1999.

De que modo a sua

vida profissional mudou depois que você deixou a Cranbrook? Os 23 anos que passei lá tornaram a Cranbrook algo tão familiar para mim que eu estava mais do que pronta para uma mudança. Adoro mudanças. Talvez esse tenha sido um dos principais motivos da minha saída. Embora a estrutura de departamentos autônomos na Cranbrook permita uma enorme flexibilidade, havíamos praticamente esgotado as nossas possibilidades de mudança naquele ambiente. Sinto falta da convivência com os colegas, tanto professores como funcionários, mas, por mais mágico que seja o espaço arquitetônico da Cranbrook, não tenho saudades. Provavelmente isso tem a ver com o fato de ter crescido a cinco minutos de lá. Nossa despedida final da Cranbrook foi no Dia da Independência, quando completei cinquenta anos de idade.

Em que sentido a experiência no IIT é diferente? No Instituto de Design do IIT, desfruto do benefício de muitos recursos proporcionados por meus colegas, tanto do departamento de design de comunicação como dos outros. O programa é uma mistura variada de influências, teorias e métodos, associando o design à antropologia cultural, sociologia, ciência da informação e planejamento estratégico em uma abordagem que denominamos design voltado para o ser humano. Estou sempre topando com excelentes artigos e textos usados por colegas em suas aulas, e é como estar participando de um banquete virtual de ideias. Nas reuniões de docentes no final de semestre, cada um de nós faz um resumo dos cursos dados e distribui os materiais usados em classe. Todos nós lamentamos não ter tempo para seguir os cursos dos outros. Também estou adorando a mudança para uma universidade em ambiente urbano, para a cidade de Chicago e o fato de lidar com outro conjunto de questões teóricas em relação ao design. **E também houve mudanças em sua maneira de ensinar?** Para os cursos mais estruturados de teoria da comunicação no IIT, preparei um conjunto de palestras, slides, textos e projetos que são uma formalização de grande parte da experimentação prática que realizamos na Cranbrook. Além dos cursos de outono no IIT, Mike – meu marido e sócio – e eu estamos lançando o High Ground, um centro de seminários sediado em nosso estúdio no Colorado. Durante os sete meses por ano que passamos no Colorado, pretendemos organizar várias oficinas de design gráfico e industrial para aqueles profissionais que talvez não tenham oportunidade de fazer um curso de graduação, mas que mesmo assim têm interesse em ampliar os conhecimentos na área. Estamos pensando em oficinas com a duração de dez dias, para as quais convidaríamos um ou dois colegas professores para nos ajudar em projetos breves e intensivos com grupos de poucos participantes. O estúdio parece ser um ponto de reunião natural; no último mês de julho, uma dúzia de designers, arquitetos e críticos de design juntou-se a nós no Colorado para três dias de discussões ininterruptas sobre as questões mais imediatas com que se defronta o design. Essas conversas foram gravadas, e uma versão editada será publicada como edição especial do *Journal of the American Center for Design*. Nos próximos meses também vou me dedicar ao nosso site, HighGroundDesign, que vai tratar dos meus interesses em edição/escrita, design e ensino. **O que acha da formação em design baseada na teoria ministrada nos dias de hoje? Se tivesse de repetir a experiência da Cranbrook, o que faria de diferente?** Isso seria tão presunçoso quanto mudar o curso do rio Mississippi. Provavelmente não conseguiria, mesmo que tentasse. Meu papel foi atrair e selecionar os estudantes adequados, fornecer alguma estrutura de orientação e muitos recursos, insistir na integridade e no rigor, e aí abrir a porteira para o estouro da boiada! Na realidade, o programa do IIT é ainda mais teórico que o da Cranbrook – foi como saltar da frigideira para cair no fogo. Como a ênfase do IIT está na compreensão de nossos usuários e públicos, as teorias que investigamos na Cranbrook são muito apropriadas – a crítica literária, a semiótica e o pós-estruturalismo examinam o modo como os públicos elaboram o sentido a partir das mensagens e do processo de interpretação. Então incluí muito disso nos meus cursos sobre teorias da comunicação. Estou muito entusiasmada com esses cursos e venho me aprofundando também nas áreas da retórica e da narrativa. É crucial que os designers tenham acesso a esses recursos para que possam estruturar seus processos de trabalho, seja como métodos sintéticos, seja como ferramentas para explicar a dinâmica bem-sucedida em obras cuja eficácia notamos intuitivamente. E também facilitam a apresentação aos clientes dos nossos conceitos de design. **Cranbrook foi uma incubadora de muitas ideias importantes, sobre tudo em meados de seu período lá, com a introdução da "teoria" e a adoção de conceitos originários da teoria**

linguística francesa. Esse foi um importante passo evolutivo na prática do design, ou seja, teve um impacto na constituição da prática atual? Ou foi apenas fogo de palha? A teoria literária francesa (também conhecida como pós-estruturalismo, desconstrucionismo e criticismo) é um recurso importante para os designers que trabalham com comunicação, assim como várias outras teorias, incluindo a semiótica (que veio antes) – todas as quais só agora as escolas de design estão começando a empregar na estruturação do processo de design comunicativo. O design gráfico ainda é uma disciplina muito recente e até pouco tempo atrás tinha escasso fundamento teórico.

Este se resumia, na prática, ao conceito da Big Idea, proposto pela escola de Nova York na década de 1960, e mesmo assim a ênfase era na intuição pessoal, e não em um método codificado. Mas isso levanta uma questão intrigante. Tenho de confessar que os trabalhos atuais, nas revistas e na maioria das competições, não atraem a minha atenção. Em vez disso, volto cada vez mais ao melhor do design publicitário dos últimos quarenta anos, sobretudo como exemplos dessas teorias da linguagem que discuto nos cursos. Embora a campanha da Volkswagen, feita pela Doyle Dane Bernbach, tenha sido concebida de maneira intuitiva – estou supondo que o departamento de criação deles pouco sabia de semiótica, pós-estruturalismo ou retórica –, esses anúncios são demonstrações eloquentes das teorias de comunicação. Ou melhor, diria que tais teorias explicam o que torna essas propagandas clássicas tão eficazes. **Na Cranbrook, o ensino era aberto, e agora você está dando aulas em um contexto mais estruturado e, imagino, organizado em função de currículos. As condições atuais têm vantagens em relação ao método anterior, mais livre, de incubação?** Sou uma pluralista ferrenha e não consigo escolher entre situações opostas. Quero fazer de tudo, e ainda ficar com o bolo e depois comê-lo. Eu me recuso a considerar o design (ou a vida) como algo que deve ser desta ou daquela maneira apenas. (Por que tanta gente, na área do design, acha que suas concepções só podem ser justificadas em detrimento das outras?) A disciplina é ampla e abrange muitos tipos de prática; por que não pode ter também uma ampla diversidade de teorias, métodos, filosofias, práticas e personalidades? Para mim, o contexto mais acadêmico de cursos e aulas no IIT é um complemento instigante para o ambiente desestruturado de estúdio na Cranbrook (embora seja preciso reconhecer que os cursos do IIT tenham apenas uma estrutura mínima e dependam da visão específica de cada professor para a definição de seu conteúdo, o que permite uma grande margem de experimentação). No entanto, por mais diferentes que sejam essas escolas, elas me parecem pertencentes ao mesmo contexto. Na Cranbrook, nós incorporamos a teoria às experiências de estúdio. No IIT, os projetos são chamados de demonstrações (*demos*), pois são oportunidades de mostrar o emprego das teorias e métodos estudados nos cursos. Não são dois lados da mesma moeda? Uma disciplina madura dispõe de toda uma gama de abordagens e especializações; nada mais apropriado que haja igualmente uma gama variada de escolas de design, de modo que os estudantes possam escolher a mais adequada aos seus interesses, habilidades e objetivos. **Que mudanças você vislumbra na formação dos designers?** Vamos ver cursos de design mais longos, provavelmente com cinco anos, tornando-se a norma pressuposta para uma prática fundamentada. Acho isso razoável, tendo em vista a ampla gama de teorias e habilidades requeridas pelos meios digitais interativos, um campo bem mais complexo, em termos conceituais e técnicos, que o design gráfico tradicional, baseado na tipografia. Os cursos de graduação já se tornaram um caminho reconhecido para entrar na carreira. Não me surpreenderia ver, em nível de gradução, o surgimento de matérias introdutórias de design em cursos de humanidades e ciências, para aqueles que pretendem mais tarde fazer pós-graduação. Recentemente, o Institute of Design do IIT criou o primeiro programa de doutorado da área no país, e estamos aguardando que outras escolas participem da codificação de um corpo de conhecimentos sobre design – aí então o design gráfico vai afinal se tornar uma profissão de verdade. **O que eu noto é uma espécie de recuo na área. Os designers veteranos estão apenas aperfeiçoando suas habilidades e métodos. A era da superação dos limites ficou para trás. A chamada "*new wave*" está hoje bastante codificada. No caso de seus alunos, em que medida eles tendem a se fixar nas modas e tendências que marcaram a década passada?** Neste exato momento, o design gráfico passa por uma fase extremamente fecunda e estimulante, por nada menos do que uma revolução desencadeada pelas novas tecnologias. Mas esse não é o design gráfico que vemos nas revistas e nas competições. O movimento, o som e a interatividade da multimídia estão colocando novos e imensos desafios aos designers. Esses veteranos que lamentam a estagnação da disciplina devem estar de olhos fechados! O IIT está muito envolvido com o design interativo e com os pressupostos teóricos necessários à criação de experiências significativas e proveitosas para o público em ambientes de informação/comunicação virtual. Ainda falta compor uma gramática da interatividade no design, tal como setenta anos atrás ocorreu com o cinema, quando Serguei Eisenstein escreveu sobre a teoria da linguagem cinematográfica. Isso requer uma exploração em grande escala, abrangendo desde sistemas de informação até ambientes eletrônicos expressivos. Considero as ideias de interatividade muito úteis para a criação de um design impresso convencional mais interessante – afinal, a típica revista de notícias já é razoavelmente não linear e interativa, e ainda há muito mais a explorar nessa direção. Também estou muito interessada nos pontos em comum entre as mídias eletrônica e impressa. Muitos cursos de comunicação tratam de várias mídias, e cada uma delas oferece oportunidades únicas para traduzir diferentes aspectos de uma mensagem.

E como isso é influenciado pelos experimentos realizados na Cranbrook? Muitos desses experimentos estão sendo naturalmente estendidos ao âmbito do espaço eletrônico, e as pesquisas atuais nos estúdios da Cranbrook estão explorando ativamente formas para essas novas mídias.

Quais são os seus objetivos nesse novo papel de professora e orientadora? O que mais me entusiasma agora é a área do design orientado para o público.

Ele inclui a retórica e a narrativa como meios de transmissão de mensagens complexas e atrativas. A narração de histórias é particularmente relevante na conexão de linhas em espaços virtuais de mensagens. Estou fascinada pela interação entre informação e persuasão e pelo papel de cada uma delas em uma comunicação eficaz. Quero muito investigar linguagens de design excêntricas, voltadas especificamente para subculturas e comunidades interpretativas determinadas, recorrendo aos métodos de pesquisa do IIT baseados na antropologia cultural. Continuo a propor projetos de pesquisa, como experimentos laboratoriais para o exame de questões atuais. É muito gratificante constatar que os alunos do IIT tendem a seguir as sugestões. Ao contrário do pessoal genioso da Cranbrook, que quase nunca seguia o tema de um projeto! Como essas digressões muitas vezes levavam a resultados maravilhosos, raramente eu tentava colocá-los na linha. Agora é um prazer definir uma área de investigação para uma classe e ver os estudantes levando a pesquisa adiante com rigor.

Em retrospecto, quais foram os maiores êxitos e fracassos de sua carreira como educadora? A medida do êxito de um educador é dada, em última análise, por seus alunos. Sinto enorme satisfação ao ver os avanços e realizações profissionais daqueles que estudaram comigo. Mas talvez isso seja parecido demais com esses pais que vivem das glórias dos filhos, não? Portanto, para compensar isso, também é importante a gente se dedicar a escrever, a dar palestras e, claro, a fazer design na prática.

JOHANNA DRUCKER foi professora-associada do Departamento de

História da Arte na Universidade Yale, ensinando teoria da arte contemporânea, e responsável por um programa de graduação, na SUNY/Purchase, dedicado à teoria da arte e do design. Atualmente, leciona no Departamento de Estudos da Informação da Universidade de Los Angeles, na Califórnia. Autora de, entre outros, *The Alphabetic Labyrinth* [1995] e *The Visible Word* [1994], também é conhecida por seus livros de artista com experimentos tipográficos.

Para que serve a teoria no ensino e na prática da arte e do design? Ela é uma metalinguagem. Ela nos permite ver que há maneiras de falar sobre as coisas em um nível que articula os modos nos quais se produz o significado, e não apenas *qual* significado é produzido. Eis um exemplo simples. Em uma leitura não teórica, entendemos que o significado do sinal de parar é uma ordem imperativa a que nós, como seres humanos socializados, temos de obedecer. Em uma leitura teórica, podemos explicar a relação entre os "códigos materiais de produção" (o formato da placa, a cor, as convenções, o posicionamento, o tamanho etc.) e a "produção de significado em um sistema social". Após distinguir essas duas coisas – códigos materiais e produção de significado – podemos iniciar uma análise crítica das diversas relações entre esses dois aspectos de qualquer signo em função de distintas circunstâncias históricas ou culturais.

Vou me permitir uma abordagem reacionária. A teoria também propõe um vocabulário que tende a ser exclusivista; é uma linguagem estranha e até mesmo deprovida de sentido. É verdade o que está dizendo, mas também cabe notar que a linguagem da teoria não é a mesma coisa que o seu conteúdo. Quando começam a aprender a teoria, as pessoas ficam confusas, pois não sabem se estão aprendendo uma linguagem ou um conjunto de ideias. No contexto universitário, o uso de uma linguagem teórica cifrada é recompensado com posições prestigiosas em instituições prestigiosas. Na minha opinião, a melhor linguagem para a teoria é o vernáculo – empregar a linguagem corriqueira para falar daquilo a que temos acesso por meio da teoria. **Por que, então, preservar os termos da linguagem teórica?** Há alguns termos que surgiram do jargão da teoria, como "sujeito" e "subjetividade", que são úteis. Não há outro modo de nos referirmos resumidamente a esses conceitos. Daria para me estender sobre isso, mas seria preciso explicar mais. Lembro que, na primeira vez em que li um livro de Derrida, meu primeiro impulso foi o de atirá-lo na parede. O que me ocorreu foi: afinal, aonde esse cara quer chegar com isso? Mas aí a gente continua lendo e uma hora acaba entendendo. **É como ler um romance em outra língua. Levamos meses para terminar um livro que normalmente acabaríamos em uma semana.** E aí, depois de alguns anos, conseguimos ler esses romances em uma semana. A mesma coisa se dá com a linguagem da teoria. A gente acaba entendendo. Na minha opinião, porém, o desafio agora é traduzir a teoria para um público mais amplo.

Você pode dar um exemplo? Se fosse para ampliar a consciência das mulheres jovens, por exemplo, talvez fosse o caso de falar de coisas como concursos de beleza ou da exploração do sexo. Poderíamos perguntar: o que se exclui quando há uma valorização tão acentuada da beleza em nossa cultura? Do mesmo modo, em relação à exploração do sexo: quem de fato ganha dinheiro com isso, e como funciona esse sistema? Por que o trabalho nesse setor é um dos tipos de emprego nos quais as mulheres podem ganhar dinheiro de maneira fácil e rápida em nossa cultura? O que isso nos diz sobre essa cultura?

O design gráfico precisa de um fundamento teórico? Em certo nível, claro que não. Não acho que a teoria vá fazer com que alguém seja melhor designer de uma página impressa, um site na internet, um objeto ou qualquer outra coisa. Bem, sei que tem muita gente que não é dessa opinião, para quem a teoria é uma ferramenta criativa a ser usada. Não acredito nisso. Aqueles que trabalham a partir de uma perspectiva teórica, seja no design, seja nas artes plásticas, com frequência produzem obras muito empoladas e restritas que, no final das contas, não passam de ilustrações de determinada posição teórica.

Mas deve haver algo no design além do mero talento ou intuição? Não acho que o design precise da teoria, mas o mesmo não vale para os designers. Todo mundo deveria passar por um curso de introdução à ideologia, começando na pré-escola, passando pelo primeiro e pelo segundo graus, até o curso superior – pois estou convencida de que percebemos muito pouco de tudo o que absorvemos da cultura à nossa volta. Precisamos de ferramentas para esclarecer nosso relacionamento com a estrutura de poder – algo que esclareça todos aqueles que foram assistir a *Forrest Gump* e, sem se darem conta de que era uma versão moderna do *Triunfo da vontade*, de Leni Riefenstahl, pensaram "Uau, que filme maravilhoso!".

Por outro lado, o que as artes plásticas ou o design podem oferecer à teoria, e como pode haver uma teoria adequada ao mundo visual que não seja apenas um empréstimo de teorias relativas a outros campos, não visuais? Há muitos aspectos da experiência visual que não têm paralelo na esfera linguística, como a questão do foco, por exemplo. Como funciona o foco? Qual é o grau de definição determinado pelo foco em uma obra visual? Como se comunica conosco, e como contribui para a produção de sentido em determinada imagem e em determinada circunstância? Questões assim poderiam ser exploradas em termos teóricos, conferindo uma especificidade própria ao domínio visual. Recorremos à linguagem para analisar isso, mas não há nada análogo em termos linguísticos. Aí não teríamos de tomar emprestados conceitos como discurso *versus* narrativa, primeira *versus* segunda pessoa – nenhum desses modelos.

E o que você propõe? A saída, provavelmente, seria recorrer à ciência cognitiva, talvez ao livro de J. J. Gibson *The Perception of the Visual World*, ou à psicologia da Gestalt de Rudolf Arnheim, ou ainda a autores como William Mitchell e W. J. T. Mitchell – ou até mesmo à história dos estilos. Se estivéssemos falando de publicidade, então seria o caso de examinar a linguagem, a postura e o estilo corporais, para não falar dos estilos de roupas e cabelos.

A despeito da teoria, os designers sempre se defrontam com aquilo que os departamentos de marketing consideram necessário para identificar e atrair os consumidores – as pesquisas de mercado, que são mais práticas do que teóricas. E é isso que me incomoda na aplicação da teoria ao design. A certa al-

tura, ela parece inteiramente desvinculada do objeto e ignora uma parte importante do significado desse objeto, que é o seu apelo. Há coisas que a teoria não consegue explicar. Ela pode ser uma ferramenta prescritiva útil para a análise de estruturas, de relações e da singularidade histórica das situações. Mas caberia aqui uma analogia com aquelas bonecas de porcelana produzidas em massa, cujo rosto é delineado em cerca de meio segundo. Esses rostos são um pouco vesgos aqui, um pouco tortos ali. É um esgar, é um sorriso – e, no entanto, quando descrevemos as bonecas em termos teóricos, estruturais, todas elas são idênticas. Quando alguém se posta ali, como uma criança prestes a escolher uma delas, o que interessa é encontrar uma expressão que agrade. Não acho que exista um modelo teórico suficientemente refinado que explique por que alguém escolhe uma determinada boneca entre outras. **Por que você acha que alguns designers querem adotar esses modelos críticos?** Em parte devido à inevitável colonização de todas as áreas de investigação pela teoria, depois que esta aumentou as apostas na discussão acadêmica e crítica – se não dá para "fazer teoria" em um domínio específico, então esse domínio não terá tanta influência quanto aqueles nos quais se emprega a teoria. Há uma tendência cada vez maior a conferir à história e à teoria do design um lugar nos estudos acadêmicos. E por que não deveria ser assim? O design é um discurso histórico tão interessante e legítimo quanto qualquer outro, e a quantidade de informação que recebemos por meio da indústria cultural e de fontes comerciais é muito maior do que a originária das artes plásticas. **A teoria pode ser levada longe demais?** Às vezes a sua aplicação a produtos comerciais torna-se muito paródica. Tive um ótimo aluno que decidiu fazer uma análise das caixas de cereais matinais em termos das estruturas psicanalíticas do desejo. A colher representava o falo, e o leite era a mãe... Pelo amor de Deus, é uma caixa de cereais! O que mais ele queria que colocassem ali, um garfo e uma faca? Não pude aprovar aquilo pois não dizia sobre a caixa de cereais nada que a gente já não soubesse, e, se a teoria não nos diz nada além do que já sabemos, então para que ela serve?

E a teoria é capaz de nos dizer algo que ainda não sabemos a respeito do design gráfico? A teoria é útil para a análise dos códigos históricos e culturais, mas também para lidar com os novos desafios do design. Embora estejamos familiarizados com determinado fenômeno – por exemplo, o cinema hollywoodiano –, podemos não ser capazes de articular o modo como ele funciona como sistema narrativo. Quando tomamos conhecimento das fórmulas de um sistema assim, notamos que elas se alteram conforme variam as expectativas sobre moralidade, e é isso que chamo de "momento da teoria". Somos capazes de identificar o funcionamento dos códigos (esposa infiel deve perder a família *versus* esposa infiel merece uma segunda chance). Ou aprendemos a distinção entre o discurso (ou seja, a organização estrutural de um texto, como por exemplo a diferença entre autor e narrador) e a narrativa (o enredo propriamente dito). Ao assistir a um episódio da série de TV *My So-Called Life*, a gente nota que o autor nos apresenta um dos lados da história, ao passo que a jovem que narra em primeira pessoa o episódio nos fala de outra perspectiva. Tais distinções simples são eficazes quando se fala da estrutura de noticiários, obras de ficção, documentários e de todos aqueles casos em que tendemos a alinhar quem quer que esteja falando com o que está sendo dito. **E como isso funciona no design gráfico?** Essas distinções ganham importância quando os designers se defrontam com a difícil tarefa de apresentar bancos de dados e informações complexas. A estrutura de apresentação ou exibição, como o leiaute de mídias impressas tradicionais, como jornais e manuais, já codifica os níveis de hierarquia e relevância da obra no plano do discurso (da estrutura física). Porém, em um ambiente de informação móvel e fluida, tais hierarquias podem se mostrar inadequadas ou deformadoras, uma vez que o valor da informação pode variar dependendo da maneira como ela é apresentada. A estrutura e a informação (o discurso e a referência) não são idênticas: os funcionários de uma empresa não coincidem com a sua estrutura operacional. Imagine, em uma organização, uma lista de telefones que seja ordenada de acordo com as funções e os cargos, e não alfabeticamente, mas que poderia ser reorganizada em termos espaciais tornando-se um diagrama do processo decisório para tarefas ou projetos específicos no âmbito da organização – com isso dá para ter uma ideia dos modos como a estrutura e a informação podem se relacionar. As implicações para o entendimento do modo como a estrutura faz parte da informação vão se tornar ainda mais cruciais à medida que os designers passarem a se dedicar à navegação e organização de bancos de dados, nos quais variam as relações entre o discurso (a estrutura aparente) e a referência (o significado pretendido). À medida que se interpenetram a estrutura e a informação, a tarefa do designer requer uma capacidade teórica mais rigorosa.

É possível que a teoria tenha um efeito adverso no design gráfico? Acho que um excesso de teoria pode tornar o designer sofisticado demais para o seu mercado. Ele pode começar a produzir coisas de interesse apenas para os seus colegas. Foi o que vi acontecer ao dar aulas em um departamento de arquitetura. Os arquitetos impregnados de teoria projetavam coisas interessantes, mas que nada tinham a ver com a vida prática. Talvez fossem ideias empolgantes, mas no final das contas o que a gente conclui é que não gostaríamos de morar em um ambiente desconfortável só para nos tornarmos mais conscientes das estruturas familiares que não passam de meros reflexos da mitologia burguesa do Estado nacional! **Uma das atuais recorrências na área é o design em múltiplas camadas, que muitas vezes tende à ilegibilidade. É isso uma manifestação visual da teoria?** Já me perguntaram isso em outra entrevista e, como a questão me intrigou, pedi a opinião de Sheila Levrant de Bretteville, a responsável pela graduação em design na Universidade Yale. Isso tem a ver com um fenômeno da ilegibilidade como noção cultural, ou é outra coisa? Ela me disse que, de acordo com sua experiência, os estudantes acabam fazendo esse tipo de design quando trabalham com textos de outras pessoas. Porém, se trabalham com seus próprios textos, eles se esforçam para torná-los legíveis, tentando facilitar ao máximo a leitura. A questão da ilegibilidade parece indicar o seguinte: já existe tanta coisa no mundo que, na verdade, não estamos interessados em que alguém leia isso; estamos apenas tentando prender a atenção da pessoa por tempo suficiente para que note qualquer logotipo ali presente. É o reconhecimento de que a maioria dos textos hoje produzidos não passa de ruído. **Como você explicaria isso?** Como frustração por parte do indivíduo: alguém vai prestar atenção naquilo que tenho a dizer? E, em seguida: Por que deveriam fazer isso? Vivemos em uma cultura que promove a noção da celebridade como objeto privilegiado da atenção, e muitas vezes as pessoas acham que, se não forem notadas como celebridades, então nem sequer estão sendo percebidas. E desde quando a existência tem algo a ver com ser notado? Supõe-se que tenha a ver com a experiência. **Quem, ou o quê, você acha que exemplifica esse fator de ruído?** O trabalho de David Carson parece ruído visual e uso gratuito do estilo, parte desse fenômeno de celebridade. Alguém leva ao ponto mais extremo e radical aquilo que os outros consideram aceitável a fim de se produzir como celebridade. A sensatez, as posições intermediárias e a análise moderada jamais funcionam como algo vendável. **O que resta para os teóricos da crítica dissecarem nos próximos anos?** O design gráfico está perfeitamente maduro para uma análise sintomática. Temos de levar em conta dois aspectos. Primeiro, qual é o discurso interno do design, e quais são as narrativas que ele produz para si mesmo a respeito do que está fazendo? E, ainda, qual é o discurso externo no interior do qual ele representa determinadas coisas? O discurso é como o indivíduo. Ele conta para si mesmo determinadas histórias, nas quais acredita e que se tornam verdadeiras. Mas, quando nos afastamos um pouco disso, logo pensamos: Como afinal estão dizendo isso para si mesmos? E por quê?

IVAN CHERMAYEFF formou-se em artes plásticas na Universidade Yale depois de estudar em Harvard e no Illinois Institute of Technology (IIT). Ao lado de Thomas Geismar e Robert Brownjohn, fundou o escritório Brownjohn Chermayeff Geismar, um dos pioneiros do design "modernista tardio" nos Estados Unidos. Em 1960, rebatizado Chermayeff & Geismar, o escritório desenvolveu projetos de identidade corporativa para dezenas de grandes empresas americanas, incluindo a inovadora marca abstrata do Chase Manhattan Bank. Também foi responsável pelo projeto de vários espaços expositivos, entre os quais o museu da imigração na Ellis Island. Seus trabalhos de artes plásticas foram reunidos em uma monografia, *Ivan Chermayeff Collages*, e ele também é autor de livros infantis, como *First Words* e *First Shapes*. Suas obras foram incluídas na coleção do Museu de Arte Moderna [Moma], em Nova York.

Como você se tornou um designer gráfico? Fui criado em um ambiente em que as artes eram muito presentes: arquitetura, pintura, escultura e escrita criativa. Meu pai era um arquiteto moderno e, entre seus amigos, havia designers modernos. Foram essas pessoas que me influenciaram. Porém, logo cheguei à conclusão de que, no campo da arquitetura, as coisas são muito demoradas e o êxito é relativo. O arquiteto tem de lidar com muita gente – conselhos de diretoria, comitês –, e muita coisa acaba não se realizando. A melhor parte da arquitetura está nas primeiras horas do trabalho, mas depois disso é só o esforço para salvar o projeto. ■ No caso do design gráfico, realizo 95% do que faço, e há muito para fazer. Talvez ele tenha vida curta, pois é concebido, impresso e descartado, mas por outro lado a variedade é grande – e também a repercussão do trabalho. Em termos psicológicos, essa é uma vida bem melhor, na minha opinião. Além disso, a gente está sempre aprendendo com os clientes – o designer desfruta de uma formação gratuita; em vez de pagar para que lhe ensinem, na verdade ele é pago para aprender.

O seu pai era moderno, e você mesmo adotou os princípios modernistas. Qual o significado do modernismo para você, no momento em que estava iniciando a carreira e agora? Na época tinha uma importância maior, pois o processo de pensar o design moderno na relação com outras profissões, como a arquitetura, o paisagismo, a fotografia ou qualquer das artes que se originaram da tradição moderna europeia – impregnada de lógica, clareza e da preocupação de afastar o caos e privilegiar a ordem –, era muito mais recorrente do que hoje em dia. Agora tudo é permissível, inclusive todos os tipos de coisa que eu acho extremamente duvidosos. No início era difícil que alguém quisesse um design moderno. E, se a gente topava com uma oportunidade, em geral eram clientes que sabiam do que se tratava e queriam estar na vanguarda. Seja como for, naquela altura era mais difícil encontrar clientes. Agora é o oposto, os clientes aceitam tudo o que se propõe, e a competição também é maior. Portanto, o modernismo não é bem o mesmo daquela época, mas ainda é uma tradição da qual certamente faço parte.

O design é uma força que contribui para tornar o mundo um lugar melhor? Acho que sim, mas não creio que seja tão relevante quanto muitas outras atividades. Não está no mesmo nível que a cirurgia, por exemplo, mas tem importância crucial na feição de nossas cidades e ambientes, e também ajuda as pessoas a entender todo tipo de causas e necessidades. Acho que daria para dizer que é uma força auxiliar, mas não inaugural.

De que maneira a concepção utópica do design como remédio para os males sociais se relaciona com a realidade do mundo comercial? Não sei, na verdade, quais são essas concepções utópicas do design. Não creio que seja muito relevante se não for algo entendido e que tenha resultados práticos. O que define o design é a solução de problemas; se ninguém está ouvindo, não está solucionado. Nesse caso, isso significa que está aquém ou além do público e dos objetivos. Quando falamos de design, estamos falando do bom design, e ele funciona quando é pensado e explicitado nos limites das circunstâncias do nosso mundo, quaisquer que sejam. Não se trata simplesmente de comércio, e sim da sociedade em que vivemos. Há muita diferença entre o design no Terceiro Mundo, por exemplo, e nos países sofisticados da Europa, ou nos Estados Unidos e no Japão.

Como designer, você é focado na parte gráfica, mas também atua em muitas outras áreas do design. Por si só, o design gráfico pode ser uma força social? Não, não acho que o design gráfico, isoladamente, tenha muita relevância em algum campo, mas ele também não deixa de ser parte da sociedade, o que é um pouco diferente de ser uma força social. Seja como for, o design nunca se restringe apenas à parte gráfica. As exposições, que tomam muito do meu tempo, podem alcançar muita gente. Atualmente, o nosso escritório está projetando uma exposição em Cingapura, sobre a história da cidade, que daqui a cinco semanas vai ser visitada, na pior das hipóteses, por meio milhão de pessoas. Uma vez que está atingindo tanta gente assim, pode-se dizer que tem um impacto, e é design gráfico e linguagem e todas essas coisas reunidas, ou seja, as exposições também são uma forma de comunicação. Prefiro dizer que se trata de design de comunicação. Hoje é difícil distinguir entre design gráfico e outras modalidades de design, pois há muita sobreposição.

Como você se relaciona com aquela parte do chamado pensamento pós-moderno que vê o modernismo como algo banal e obsoleto? Não tenho nenhuma relação com esse pensamento pós-moderno. Para mim, o pós-modernismo, tal como o conhecemos, está morto. Ele surgiu, teve a sua hora, acabou e não tem a menor importância. Na arquitetura já é página virada. Nada jamais desaparece por completo, mas a reação contra o modernismo, na minha opinião, não foi tanto por ele ser banal e obsoleto, e sim por ser restritivo, frio e antidecorativo. De qualquer modo, o modernismo vai mudando, como sempre fez, acompanhando a evolução das pessoas que se dedicaram a ele.

Você nota um retorno das ideias modernistas no design – isto é, sem que seja uma tendência nostálgica? Não acho que elas tenham desaparecido e ainda há muito que dizer em favor delas. Essa pergunta faz com que "moderno" soe mais como um estilo – o que não é o caso; trata-se de um processo. Pensar em termos de resolução de problemas é algo que jamais vai acabar; e, basicamente, é isso o pensamento moderno no design. É algo que não pode desaparecer, e a tentativa de descartá-lo por meio de uma espécie de retrospectiva revisionista e de recuperação dos estilos passados, seja qual for a moda em vigor – *art nouveau* ou cubismo –, também é algo já encerrado. Para ser sincero, esse tipo de brincadeira com estilos nunca foi muito interessante. É um olhar para o passado, e não para o futuro. ■ O que o design gráfico requer é um esforço para se alcançar os níveis mais altos. Agora mesmo há uma quantidade enorme de pessoas que fazem o que têm de fazer usando computadores, sobrepondo imagens distintas. Pouco importa se é um par de sapatos, um carro ou a aids, a solução é sempre a mesma; só que por acaso há linguagens diferentes ligadas a ela. Distanciar-se das técnicas disponíveis e voltar a considerar as ideias é algo que leva tempo, e não acho que estamos avançando rápido para um ponto em que o design seja plenamente entendido. Mas não tenho dúvida de que isso vai acontecer. E não tenho a menor ideia da forma exata que isso vai ter, pois não tenho a capacidade de ver tão à frente, daqui a dez ou quinze anos.

Depois de tantos anos, como você consegue ser inovador em seu trabalho? Para continuar sendo inovador, é preciso entender aquilo em que se está trabalhando e preservar o senso crítico. Somente por meio da autocrítica podemos nos manter receptivos a novas abordagens e novas atitudes. Acho que essa é a coisa mais importante que se pode fazer – em vez de seguir, é preciso liderar e ter consciência de estar fazendo o melhor possível, sem inibições e sem recorrer a velhos truques. E isso funciona de modo diferente para cada pessoa. Não há uma única maneira de conseguir isso.

MILTON GLASER frequentou a High School of Music and Art e a Cooper Union, em Nova York, antes de receber uma bolsa

Fulbright para estudar na Academia de Belas-Artes de Bolonha, na Itália. Em 1955, junto com Seymour Chwast, Edward Sorel e Reynold Ruffins, fundou o Push Pin Studios, do qual foi sócio até meados da década de 1970, quando abriu o estúdio Milton Glaser, Inc., onde trabalha até hoje. Designer gráfico, ilustrador, tipógrafo, diretor de arte e educador, também participou da criação da revista *New York*, na qual foi crítico de restaurantes, responsável pela seção "Underground Gourmet". No decorrer de sua longa carreira, fez projetos para exposições, ambientes públicos, embalagens, lojas de varejo e restaurantes. Seus cursos e oficinas na School of Visual Arts sempre atraíram sobretudo estudantes empenhados em expandir as fronteiras do campo do design. Entre os livros que publicou estão *The Milton Glaser Poster Book* [1977], *Milton Glaser Graphic Design* [1983], *Milton Glaser: Art is Work* [2000] e *Drawing is Thinking* [2008].

Que mudanças você nota na área do design em relação à época em que começou a trabalhar, quarenta anos atrás? A grande diferença é a aceitação do fato de que o design é parte absolutamente indispensável de qualquer negócio e, por isso, algo importante demais para ser deixado na mão dos designers.

Com isso você quer dizer que o designer voltou a ser um técnico prestador de serviços? No âmbito das organizações, a forma de comunicação é muito mais estruturada do que na época em que comecei. O processo de design agora está incorporado ao sistema de controle do cliente. Por isso, em vez de buscar pessoas de fora que entendam melhor como tornar eficaz a comunicação, agora se tomam decisões a partir da perspectiva do marketing e, quase sempre, só então buscam alguém de fora para implementar essas ideias. **Não estou entendendo. Não foi sempre assim? Os clientes definem o que querem e aí contratam os designers para resolver os problemas. A única diferença, na minha opinião, é que, quando você começou, em meados da década de 1950, o campo era menor.** Menor e menos profissionalizado. **Então você está dizendo que hoje o cliente tem uma ideia prévia mais precisa do que é necessário fazer?** Bem mais precisa. Atualmente os briefings são muito diferentes. Muitas vezes a definição do que é apropriado vem do departamento de marketing, em contraste com as soluções mais improvisadas e aleatórias que surgiam quando as pessoas eram mais ingênuas. **Portanto, o que você está dizendo é que, antes da profissão se tornar sofisticada como hoje, o designer tinha mais espaço para brincar e experimentar?** De certo modo. O que houve foi uma intensa profissionalização e um enrijecimento da autoridade na relação entre cliente e designer. Nos velhos tempos, os clientes procuravam alguém como Paul Rand na expectativa de que ele achasse uma maneira capaz de comunicar aquilo que eles não tinham imaginação suficiente para formular. Hoje, eles dizem para o designer: "Estes são os nossos objetivos, este é o estilo que queremos, estes são os elementos importantes a ser ressaltados", e assim por diante. **E essa assimilação do código pelo cliente é o resultado de um excesso de design profissional?** Bem, em parte isso se deve à profissionalização da atividade e ao fato de que há hoje, mais do que nunca no passado, gente tarimbada. Uma consequência dessa profissionalização é que já não ocorrem tantos acidentes e há um conformismo maior com base nos êxitos anteriores. Muitas vezes os acidentes são oportunidades para as pessoas expressarem ideias e visões próprias.

Mas isso não contribui para uma atitude capaz de subverter o convencional ou, pelo menos, de encontrar maneiras alternativas de expressão por meio do design? Sem dúvida. Mas, quando se fala de design, é muito importante notar que se trata hoje de algo tão segmentado em termos de objetivos e atividades que simplesmente não há uma definição geral que se aplique a todo o campo. Aqueles que nada têm a ver com a vertente comercial – cuja atividade não contribui para que outros vendam mercadorias, e que usam o design como uma espécie de empreendimento teórico (tal como a pintura explorou tradicionalmente a possibilidade de comunicação) – seguem outro caminho. Claro que o design pode ser subversivo quando tem um subtexto que solapa os pressupostos de um sistema político ou social, para não falar dos artísticos. Para ser sincero, todas as ideologias me deixam nervoso, seja a empresarial, seja a do bolchevismo. A certeza absoluta me deixa nervoso.

Você já admitiu que um dos motivos para se tornar designer foi, entre outros, desbancar o cânone suíço que era dominante na década de 1950. Isso não foi algo ideologicamente subversivo? Toda geração emergente precisa se contrapor a algo – para se energizar. A gente tem de lutar contra um cânone resistente a fim de poder avançar na direção de algo próprio. Eu percebi que a ideia do modernismo e da escola suíça constituía uma teoria magnífica, mas também me dei conta de que não poderia me adaptar a ela, nem colocá-la em prática tão bem quanto aqueles que já a haviam dominado. Por isso, sabia que tinha de seguir por outro lado. E muitas vezes, quando se busca outro caminho, o que se acaba fazendo é contestar a ideia dominante. Uma maneira única de fazer as coisas me parecia doutrinário demais, restrito demais, quando havia tanta beleza, tanta excitação, tanto potencial naquilo oferecido pelo mundo. Por isso, curiosamente, os esforços pós-históricos do Push Pin Studios eram no sentido de descobrir na história o que mais havia de tão interessante quanto o modernismo. **E foi uma decisão consciente?** Parte dela se devia à percepção do esgotamento do modernismo. Como dizem os chineses, "tudo aquilo que está no ápice já começou a declinar". Estávamos diante de coisas que já havíamos visto por muitos anos, e aquilo não estava indo para lugar nenhum, não se avançava em relação ao modelo original. E parecia ter limitado demais as opções das pessoas. Não que fosse impossível fazer coisas bonitas naquela tradição – até hoje tem gente fazendo isso –, mas, no que se refere ao seu potencial expressivo, me parecia já ter alcançado o seu auge. **Como você vê o que ocorreu naquela época em comparação com a rebelião que marcou o design na década passada?** É diferente em um aspecto: os principais modelos que me orientaram na prática foram quase todos históricos. Para mim, por exemplo, o *art nouveau* era um movimento importante com uma extraordinária quantidade de ideias que ainda podiam ser usadas. Eu olhava para Charlie Rennie Mackintosh, por exemplo, e percebia quão interessantes eram as ideias dele e o quanto haviam contribuído para o advento da Bauhaus. Em outras palavras, por que usar a Bauhaus como modelo único, tal como fizeram os modernistas, quando se pode ver o movimento *arts and crafts*, e Mackintosh, John Ruskin, William Morris, Franklin Lloyd Wright, a Secessão vienense, e também a Bauhaus como uma série contínua de ideias associadas? **Suponho que você não acredita que a geração atual entenda essa continuidade histórica.** Tenho a impressão de que a nova tendência não é a de seguir modelos históricos e entender que essa continuidade é a ideia essencial que permeia a história humana e a enriquece, mas antes dizer "Não tem nada ali" e tentar inventar algo a partir do zero. **Queria entender o que você quer dizer com ignorar a história. David Carson, com as revistas *Beach Culture* e *Ray Gun*, é um bom exemplo de um aspecto da fase experimental da produção contemporânea. Ele parece estar testando os limites, em vez de simplesmente ignorar a história. Na sua opinião, falta ao trabalho dele um enquadramento ou uma compreensão históricos?** Não, não diria tal coisa. Ao tentar ampliar o papel da tipografia, esses experimentos são, em última análise, benéficos – se bem que um conhecimento dos dadaístas e dos construtivistas russos enriqueceria tal pesquisa. De certo modo, isso representa o mesmo tipo de reação a um sistema rígido que acaba por energizar as pessoas em busca de alternativas. Por outro lado, me parece que, se a ideia é ser revolucionário, é melhor fazer isso com conhecimento de causa.

A ignorância da história é de fato prejudicial? Afinal, não criamos nosso próprio contexto histórico? Quando eu frequentava a escola, o expressionismo abstrato estava em ascensão, e a maioria dos estudantes passou a pintar como os expressionistas abstratos. Uma das grandes vantagens de fazer um trabalho vanguardista é que a gente se coloca em uma posição onde não pode ser facilmente criticado, pois sempre é possível dizer que os críticos não entendem o novo sistema de valores. Assim, um dos grandes atrativos do expressionismo abstrato, para muitos garotos comuns, era o fato de que não podiam ser julgados.

E as consequências disso? As consequências foram bastante lamentáveis, pois, quando o expressionismo abstrato saiu de moda, seus adeptos tiveram de recorrer à sua capacidade própria, e aqueles desprovidos de uma boa formação não tinham para onde ir. Creio que essa analogia também é válida atualmente: o atrativo de trabalhar à maneira do atual niilismo expressionista é que ele parece ser avançado e explorar novos territórios. A parte ruim é que tais qualidades superficiais podem ser facilmente dominadas sem disciplina ou esforço intelectual. Há uma celebração do decorativo e do expressivo em detrimento de outros aspectos.

Quais são esses outros aspectos? Estrutura, clareza de proposta, forma, história – tudo aquilo que tradicionalmente é necessário para tomar decisões. E o design é bem isto: decisões criteriosas. A questão é: como treinar as pessoas para que sejam capazes de julgar o que é bom, o que é ruim, o que é significativo e o que é irrelevante se elas não têm a menor dimensão do significado histórico dessas ideias?

No seu caso, como foi esse aprendizado? É difícil dizer com precisão – em parte, sem dúvida, graças ao estudo da história, ao fato de ter vivido na Itália, de ter aprendido a desenhar à maneira tradicional, de ser curioso. Também tive sorte de o meu trabalho ter sido muito abrangente. Mas nada disso tem a ver com "efeitos", tampouco com a aparência das coisas quando submetidas à assombrosa capacidade de um computador e coisas assim. **E, na área do ensino, quais foram as mudanças desde que começou?** Muitos professores de design não parecem se dar conta do grau em que a natureza do público é, na verdade, a principal influência sobre o design. Nas escolas de arte, o foco costuma ser muito egocêntrico, sobre a expressão, a visão, a carreira ou seja lá o que for do estudante, e isso associado à ilusão de que, se você expõe sua alma, os outros estarão dispostos a desembolsar dinheiro por causa disso. **Como você ensina?** Tento ser muito específico e ressalto que todo problema parte das mesmas questões: Com quem estou falando? Quem são essas pessoas? O que elas sabem? Quais são os seus preconceitos? Quais são as suas expectativas? E assim por diante. Os três fatores cruciais do design são os seguintes: Quem é o público? O que quero dizer a ele? Como fazer isso de modo eficaz? Quem não se preocupa com essa sequência sempre acaba cometendo algum erro terrível. **E onde se encaixa nesse esquema a expressão individual?** Ela se encaixa nas brechas, pois o impulso para se expressar de maneira pessoal é tão forte que, por mais que as regras sejam objetivas, aqueles realmente bons querem deixar sua marca no trabalho! No entanto, entre as duas alternativas – deixar uma marca pessoal e não comunicar ou então comunicar de maneira impessoal –, acho que não há dúvida quanto à atitude mais apropriada para um designer. **Os seus alunos mudaram muito no decorrer dos últimos dez ou quinze anos?** Em geral eles são pessoas que escolheram estudar comigo, o que indica que há algo no meu trabalho que eles valorizam. Portanto, acho um pouco difícil dizer que meus alunos são diferentes. Mas são diferentes no sentido em que a maioria deles não consegue fazer absolutamente nada sem um computador. **Você é tolerante em relação a isso?** Eles podem trabalhar com as ferramentas que quiserem, desde que pensem direito. Pessoalmente, acho lamentável que as pessoas tenham perdido a capacidade de resolver até mesmo os problemas mais simples sem o computador. A esta altura, não há como impedir o uso deles, pois mesmo a habilidade mais rudimentar para o desenho parece ter desaparecido. A capacidade de desenhar não tem nada a ver com o trabalho de ilustrador. A maneira mais fundamental de entender o mundo visual depende do ato de desenhar. Quando se está prestes a desenhar algo, a gente fica, pela primeira vez, atento à aparência do objeto, e às vezes assombrado com o que vê. Não conheço melhor maneira de se preparar para uma carreira nas artes visuais. Dito isso, não consigo explicar por que o desenho praticamente desapareceu da formação dos jovens designers, exceto pelo fato de exigir dedicação e prática constantes. Como você sabe, em italiano a mesma palavra é usada para design e desenho, *disegno* – como sempre, os italianos entendem um pouco do assunto.

Você acha que a dependência em relação ao computador prejudica de algum modo os processos mentais? Ninguém sabe com clareza de que modo o uso do computador afeta o modo como pensamos. Acredito que sim. Um aspecto que me parece alarmante é que ele nos torna muito mais interessados nos "efeitos" do que no conteúdo.

Uma vez que as escolas de design têm tanto a ensinar em um período curto, como fazer para evitar as soluções rápidas e fáceis? A questão relevante é: o que se deveria ensinar na escola, e qual é a base da compreensão visual? Estou convencido de que, quando não há uma base de entendimento, acaba-se sendo vítima do estilo.

O paradoxo é que o estilo é fundamental na área do design. E os clientes procuram os designers em busca de estilo. É um círculo vicioso. Eu colocaria a questão de outro modo: é preciso adotar cada estilo passageiro, e assim permanecer na crista da onda, mesmo quando se reconhece que o estilo da hora é transitório e corriqueiro? Uma das funções sociais da moda é marcar as diferenças entre as gerações. Suponho que o mesmo se aplica ao mundo do design. Eu ficaria constrangido de imitar os trabalhos que hoje estão em voga pelo mesmo motivo de que não vou usar minhas velhas calças boca de sino quando esse estilo voltar. Os designers mais atentos ao estilo se defrontam inevitavelmente com um dilema quando o estilo que os tornou famosos fica desatualizado e começa a desaparecer. A questão mais ampla poderia ser colocada assim: como fazer para mantermos o interesse em algo que vai nos ocupar a vida toda? Como permanecer atuante nesse campo sem virar um prestador de serviços?

Como foi no seu caso? Essa é a luta que todo profissional veterano tem de enfrentar. Eu tive uma longa carreira. E a tensão sempre foi a mesma: como continuar relevante nesse campo se os seus pressupostos mudam? **Bem, e você tem uma resposta?** O que fiz foi tentar ampliar o meu entendimento de modo a não fazer apenas uma única coisa, assim como desenvolver novas maneiras de trabalhar que não se assemelhassem com aquilo que me tornara conhecido nas décadas de 1960 e 1970. O cheiro bolorento de uma década passada é capaz de destruir uma pessoa.

Deixe-me então perguntar sobre a Starbucks, essa cadeia nacional de cafeterias de enorme sucesso. Coerentemente com sua identidade corporativa retrô, a empresa contratou você e Victor Moscoso, entre outros, devido ao seu estilo histórico ou nostálgico. Nesse caso, qual é a opção: rejeitar a oferta porque ela faz de você um profissional antiquado mas competente ou aceitá-la porque é um trabalho bem pago? Essa é uma boa questão. Quando a Starbucks me ofereceu o trabalho, tive de tentar deliberadamente reproduzir um estilo meu já ultrapassado. Para mim, não foi fácil. E nem sequer conseguiria fazer isso muito bem. No entanto, nesse caso específico, parecia aceitável fazer uma paródia de mim mesmo. Tenho me dedicado a trabalhos muito diferentes nos últimos anos, e aqueles que me conhecem um pouco sabem distinguir entre uma autoparódia e os meus atuais trabalhos.

Mas isso vale para os entendidos. Por outro lado, a

Starbucks é esse fenômeno imenso e novo, estabelecendo sua identidade com certa sensibilidade retrô, e é atraente para um público que não o conhece, nem tem a menor ideia de que se trata de uma paródia. Nesse caso não faz diferença. Não acho que teria alguma importância, seja para os entendidos, seja para as pessoas comuns. Eu não abordo nenhuma desses trabalhos com indiferença, mas o fato é que meu trabalho tomou outra direção. Creio que o cartaz que fiz para a campanha "Art is", para o quinquagésimo aniversário da School of Visual Arts, é muito mais representativo daquilo que estou fazendo, e não acho que ali haja alguma relação com o fato de eu ter sido famoso na década de 1960.

As pessoas sabem quem é Milton Glaser, o criador de imagens das décadas de 1960 e 1970. Como você convence os clientes do valor daquilo que vem fazendo hoje? Trabalho com um grupo engraçado e variado de clientes. Desfruto de uma reputação inteiramente diversa como designer editorial; por exemplo, graças ao negócio que tenho com Walter Bernard, a WBMG [um estúdio especializado em design de jornais e revistas], tenho muita experiência no projeto de revistas, o que não tem nenhuma ligação com minha personalidade dos anos 1960, pois, em certo sentido, não há nenhuma participação da minha mão, só do meu cérebro.

Seria possível, então, dizer que você pode ser mais anônimo como designer de revistas? Acho que sim. Um problema profissional constante é que o fato de aparecer demais acaba cansando o público. Quando a carreira depende da celebridade, é bom ter cuidado.

Por falar em celebridade, você certamente se tornou célebre com os Push Pin Studios. Por que você saiu? Foi justamente por ele ter se tornado famoso demais que deixei o Push Pin; as pessoas sabiam demais a respeito dele e havia uma expectativa muito grande implícita nessa identificação. Eu queria experimentar fazer outra coisa, desvinculada da história.

Há alguns anos, você confidenciou que seu negócio havia alcançado um patamar. Você achou que o momento havia passado? Sem dúvida, havia passado a época em que eu era o tal. Na verdade, há alguns anos, no simpósio Dangerous Ideas [Ideias perigosas] do AIGA em San Antonio, assim que dei uma olhada no público, quase todo entre trinta e quarenta anos de idade, percebi que já estava à margem da profissão.

Mas o que significa estar à margem? Você continua a criar coisas belas, entende do riscado, tem uma inteligência profissional... O campo todo avançou em outras direções. Por exemplo, tornou-se obcecado por práticas empresariais e parece ter se concentrado exclusivamente em seguros, contratos, documentação, manutenção de controle empresarial, blá, blá, blá. Isso nunca me interessou muito. Não é que esteja criticando essa mudança; havia bons motivos para que isso ocorresse. Na realidade, nunca achei que estava gerindo um negócio: o que eu fazia era juntar as pessoas para que me ajudassem a fazer certas coisas.

Como um ateliê?

É, como um ateliê. Para mim era muito importante seguir esse modelo. A ideia de um negócio pelo negócio era algo que eu abominava. Quando começamos o Push Pin, era só um grupo de caras que se reuniam e faziam coisas interessantes. E digo mais: durante muito tempo foi exatamente esse o espírito do lugar; nos primeiros dez ou quinze anos levamos a coisa como um bando de estudantes de arte tentando fazer história.

O que vale a pena no design atual?

Aquelas coisas que a gente acha medonhas muitas vezes estão associadas a algo valioso. O ampliação de possibilidades, como a variedade de recursos expressivos da tipografia por meio do uso do computador, é um exemplo atual. O fato dessa ferramenta oferecer diferentes e instigantes maneiras de ver é a melhor parte do que aconteceu. Por outro lado, essas tecnologias poderosas têm a capacidade de ser extremamente valiosas ou extremamente prejudiciais. Acho que, para mim, o mais preocupante é que não consigo enxergar o sistema de valores subjacente aos trabalhos que estão por aí.

Em que sentido? Simplesmente não entendo o modo como funciona hoje o sistema, com os críticos, as revistas, os júris, as organizações profissionais e coisas assim.

As revistas de design se tornaram mais críticas e deixaram de ser apenas vitrines. E há mais debate. Bem, acho que são mais discussões do que debates, o que é um pouco diferente. Não sei se têm tanto a ver com a prática profissional quanto têm com o egocentrismo e a autopromoção. Há um punhado de críticos que hoje dominam o discurso e estão todos ligados por uma ideologia espantosamente parecida. **E quais as implicações disso para a disciplina?** Há um estreitamento do campo da visão. Creio que há outras questões no design além da tipografia expressiva, por exemplo. Por algum motivo, o aspecto maior e mais destacado do design está sendo o da manipulação tipográfica, assim como a questão de sua legibilidade ou não – os quais não são exatamente os temas mais relevantes que poderiam ser objeto da crítica. **Durante anos houve um clamor por uma postura crítica. Agora que ela existe, há alguma maneira de torná-la melhor?** Mais generosidade por parte de todo mundo. Não há nada errado com uma dimensão crítica em nossa disciplina, mas ela tomou uma direção peculiar e polarizadora que não é muito benéfica para a profissão. Creio que o papel do design é tão abrangente que é difícil distinguir de modo crítico as suas características. O design é uma ocupação que garante um emprego básico para muita gente que faz produtos utilitários? É uma técnica que requer habilidades objetivas e mensuráveis que devem ser preservadas? É uma arte que serve como um meio poderoso de expressão pessoal? É uma profissão cujos membros podem influenciar a saúde e o bem-estar do público em geral? É uma disciplina que envolve uma investigação filosófica sobre a natureza da verdade, da beleza e da realidade? É um instrumento de mudança ou de manipulação social? Se a resposta é "todas as anteriores", então acho que estou em busca de uma voz crítica mais abrangente, capaz de ressaltar as reais diferenças entre essas questões. E até agora não ouvi essa voz.

MICHAEL BIERUT é um dos sócios da Pentagram, em Nova York. Nascido em Cleveland, Ohio, em 1957, estudou design gráfico na Faculdade de Design, Arquitetura, Arte e Planejamento da Universidade de Cincinnati, onde se formou em 1981. Antes de se tornar membro da Pentagram, em 1990, trabalhou por dez anos na Vignelli Associates, onde chegou a ser vice-presidente de design gráfico. Bierut dirigiu a seção nova-iorquina do AIGA de 1988 a 1990 e também foi membro do conselho nacional do instituto e diretor do American Center for Design. Personalidade muito influente no campo do design, Michael Bierut é crítico sênior de design gráfico na Yale School of Art, coorganizador das cinco antologias críticas *Looking Closer* [1994, 1997, 1999, 2002, 2007] e da monografia *Tibor Kalman, Perverse Optimist* [2000] e ainda fundador do site Design Observer. Membro da Alliance Graphique Internationale, Bierut recebeu a medalha de ouro do AIGA em 2006.

Você trabalhou na Vignelli Associates por dez anos. O que aprendeu lá? Provavelmente o mais interessante que aprendi é que muitos aspectos do design que tendem a atrair os designers não são tão importantes assim.

Você está se referindo aos aspectos decorativos? Mais ou menos. A abordagem do Massimo era baseada em um ponto de vista ideológico. Por exemplo, ele sempre insistia que havia apenas cinco tipos bons: Garamond 3, Futura, Century, Helvetica e Bodoni. Eu concordava com isso, não tanto por uma questão moral, mas pelo motivo prático de que as pessoas normais, como a minha mãe, só conseguem distinguir entre cinco tipos, e que era um desperdício o tempo que os designers passavam discutindo minúcias a respeito do Garamond, Bembo e Sabon. O mesmo vale para todo o tempo que os designers dedicam a leiautes engenhosos e ao posicionamento dos números das páginas em lugares bacanas, quando tudo o que as pessoas normais querem é ler as palavras e ver as imagens. Com Massimo aprendi a me concentrar nas ideias importantes, e eu acreditava que tais ideias eram o que atraía a maior quantidade de pessoas.

Esse método foi uma revelação para você ou apenas uma acomodação à vontade do patrão? Foi uma revelação. Talvez, inconscientemente, fosse algo parecido com a síndrome de Estocolmo, na qual os reféns se identificam com os sequestradores. Mas, sinceramente, acho que não foi assim.

Vignelli considerava o bom design como um imperativo moral? O ponto de vista de Massimo é que o design confuso ou autorreferente indica uma espécie de deficiência moral. Mas eu nunca concordei. Sempre acreditei que, se a gente dispõe de tempo para mostrar que estava consciente ao fazer o trabalho, então, por que não?

Por que Vignelli se tornou o porta-voz da velha guarda e o alvo das reações no debate entre os designers veteranos e os novos? Para sermos justos com Massimo, ele sempre considerou que tinha a responsabilidade de comprar essa briga. De um lado, tem o Massimo, que é alvo de muitas críticas por parte da geração mais jovem, mas de outro lado também há legiões de designers da mesma geração dele que lidam com isso apenas resmungando e enfiando a cara no trabalho. Massimo está sempre na linha de frente, dizendo

"Como vocês têm coragem de fazer essa porcaria?". Na minha opinião, se mais designers explicitassem de fato as suas posições e se empenhassem em dialogar, seria bem mais interessante. É muito aborrecido quando há apenas uma única conversa de surdos, na qual um diz "É impossível ler isso, é horroroso" e o outro responde "Como você continua a fazer essas coisas tão chatas?". Assim não se chega a lugar nenhum.

No final de seu período na Vignelli Associates, o que estava ocorrendo no design que lhe chamava a atenção? Quando cheguei a Nova York, em 1980, era a época emocionante da ascensão do design de vanguarda representado pela escola de Basel. Dan Friedman estava trabalhando na Pentagram e na Anspach Grossman Portugal. April Greiman estava apenas começando. Havia firmas como a Doublespace e a Carbone Smolan fazendo coisas que eu achava o máximo. ■ No entanto, em meados da década, fiquei surpreso ao ver que as coisas de vanguarda haviam sido assimiladas pelas correntes dominantes. O que houve é que muitas firmas, impulsionadas pelos setores imobiliário, de varejo e financeiro, estavam todas apenas lançando uma montanha de folhetos bem diagramados com gradações e tipos espacejados – ou seja, de um dia para o outro tudo aquilo que, sete anos antes, havia causado surpresa na revista *Wet* passou a ser usado na venda de hipotecas para os bancos de Manhattan.

Você absorveu as ideias de Vignelli, mas também encontrou o seu próprio caminho em meio à atmosfera daquela época. Em que altura começou a desenvolver uma concepção própria? Bem, isso aconteceu aos poucos. Mas, primeiro, Paula Scher, com quem havia travado amizade, tornou-se para mim uma verdadeira via de acesso ao mundo externo. A Paula é um exemplo perfeito da mais pura abordagem anti-Vignelli. Lembro que Massimo e eu fomos a uma apresentação na qual ela falou. Eu adorei o trabalho dela. Era exatamente o que havia me levado originalmente ao design gráfico. Ao sairmos de lá, eu disse "Cara, essa Paula é ótima". Então Massimo retrucou: "Todas essas coisas novidadeiras e esses tipos vitorianos, não é assim que se faz". Aí eu disse: "Massimo, quando se desenha duzentas capas de disco por ano, é preciso ser eclético. Não dá para fazer todos os discos de música clássica com Garamond, e todos os de rock com Futura". Aí, claro que ele adorou a ideia: "Isso seria fantástico!". O tipo de virtuosismo de Paula tocou de fato em algo profundo em mim.

Já imagino você com as veias saltadas, a respiração acelerada e excitado para começar a fazer algo do mesmo gênero. Às vezes também consigo fazer algo virtuosístico assim, mas muita coisa estava além da minha capacidade. Eu não podia simplesmente fazer algo com aparência modernista às nove da manhã, depois uma peça historicista às dez e ainda algo diferente ao meio-dia. Acho que há, na capacidade de vestir e desvestir todas essas máscaras, uma espécie de falência ideológica. Mas, sem dúvida, era algo que eu vinha experimentando durante quase toda a minha vida. Lembro de ver coisas que adorava, como o que Katherine McCoy vinha fazendo na Cranbrook, e de tentar algo na mesma direção. Mas o fato é que eu não era bom nisso.

E você aceitava todas essas abordagens ou já começava a estabelecer hierarquias? Sou dessas pessoas que têm esse ponto de vista abjeto e despropositado segundo o qual há design gráfico bom e há design gráfico ruim. E acho que o bom design gráfico pode se manifestar de várias maneiras diferentes. Em 1988, havia bons trabalhos de Charles Spencer Anderson e imitações ruins de Charles Spencer Anderson. Havia boas coisas da Cranbrook e outras não tão boas. Tal como hoje, há Tomato bom e há Tomato ruim. E as coisas boas sempre parecem se originar da convicção de alguém e surgir diretamente de sua paixão.

Fale um pouco sobre aquela onda de sobreposição de elementos. Você disse que era incapaz de lidar com problemas desse jeito. Por quê? Era algo que havia de intrínseco na sobreposição? Era uma objeção ideológica ou estética? Simplesmente não penso daquele jeito. Quando preciso resolver um problema de design, em geral acabo adotando uma solução bem simples. Não abordo o problema de uma posição ideológica. Eu diria que prefiro que o meu design gráfico seja acessível, compreensível pelo maior número de pessoas, de modo que todas possam contribuir com suas interpretações pessoais. A sobreposição de um monte de referências codificadas para a edificação de outros designers iniciados sempre me pareceu algo um tanto mesquinho; mesquinho em relação a todos aqueles que não fazem parte da elite do design. E, como eu disse, não sou bom nisso.

Muito bem, dez anos se passaram. Aí você é convidado a se associar à Pentagram. O que passou pela sua cabeça? Ao longo dos anos fui abordado por outras pessoas da geração do Massimo que achavam que eu estaria disposto a trocá-lo por outro mais divertido. Isso nunca me passou pela cabeça. E outra coisa que não me interessava era montar um estúdio próprio. Sempre achei que, se encontrasse um sócio com quem me desse bem, isso seria o suficiente para mim. Nunca pensei que tais sócios já existissem e que se chamavam Woody Pirtle, Alan Fletcher, David Hillman e Kit Hinrichs.

Você também estava ocupando posições influentes no mundo do design. Era presidente da seção de Nova York do AIGA e estava sempre presente em conferências e reuniões sobre design. Eu adoro o design gráfico. Sou obssessivo com esse tipo de coisa. Assim, como eu era o cara que sempre ia a todos os eventos, chegou uma hora em que tive de operar o projetor de slides no AIGA. Eu me apresentei como voluntário para algumas das comissões, depois participei do conselho e aí acabei sendo uma daquelas raras pessoas espertas o suficiente para dar conta de ocupar a presidência e burras o suficiente para aceitar o mandato.

E qual foi o seu objetivo como presidente do AIGA em Nova York? Transformar o AIGA em algo como aquela "grande barraca" que os republicanos sempre mencionam. Eu era o cara que dizia sim a tudo. Estava na presidência quando a exposição *Graphic Design in America*, do Walker Art Center, foi montada na IBM Gallery aqui em Nova York, e houve muita discussão sobre quem seria incluído e quem ficaria de fora. Criei então um programa para que designers profissionais – os poucos que haviam criticado a mostra – atuassem como monitores.

Já que mencionou a mostra do Walker Center, você também adotou uma postura crítica em relação a ela? Antes de tudo, adorei a mostra, pois eram salas e salas repletas de design gráfico. Agora, se avançarmos além desse

nível, ela me pareceu incoerente. Nunca consegui entender que trecho da história do design ela pretendia mostrar. Não tanto pelo fato de não incluir nenhum Milton Glaser – acho que é uma concepção perfeitamente válida eleger um tipo de história do design gráfico, mostrar a ascensão e as permutações do modernismo, por exemplo. Porém, se o tema era o modernismo, como explicar a ausência de Rudy de Harak? Creio que o problema da exposição é que foi montada a partir de uma seleção de nomes muito mais restrita do que deveria. Não acho que ela tenha se baseado em um conhecimento amplo o bastante para que se fizesse a coisa certa. Ela deveria ter sido mais restrita ou mais abrangente.

Levando em conta sua obsessão pelo design, você arriscaria ser curador de uma exposição assim? Se tivesse de escolher uma linha, e fosse encarregado de criar algo que despertasse alguma polêmica, algo que tratasse de questões ou problemas do design gráfico, o que seria? Algo que sempre me fascinou é o modo como o estilo é usado e abusado. Sei que isso também interessa a você. Mas acho que daria para exemplificar com históricos de casos verdadeiros. A parte mais curiosa da mostra *Mixing Messages* é aquela na qual Ellen Lupton expõe o tipo Neuland ao lado de várias capas de livros afro-americanos – a estranheza é esse tipo, desenhado por Rudolf Koch na Alemanha na década de 1930, de repente se tornar o indicador de que "há literatura afro-americana aqui". **Atualmente é bem fácil selecionar, se apropriar e piratear algo.** Agora desfrutamos de uma liberdade relativamente absoluta, e isso significa que tanto as pessoas dotadas de convicção como aquelas que só dispõem do tempo necessário para clicar algumas vezes com o mouse podem obter resultados muito similares. Antes os trabalhos medíocres pareciam insípidos e chatos. Hoje parecem complexos e chatos. Mas acho que ainda estamos diante do mesmo desafio, o de selecionar o que de fato interessa, distinguir o que é original do que não é. E, também, creio que isso só alimenta mais o ciclo de estilos. Ciclos que antes se estendiam por anos agora se completam em meses, e o que antes levava meses agora ocorre em semanas.

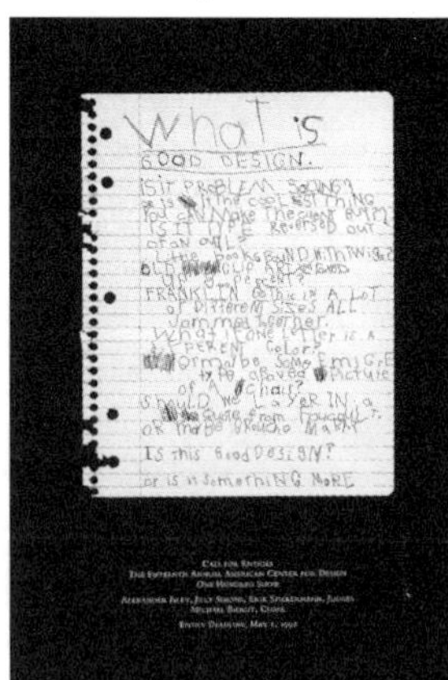

Em seu próprio trabalho, como você evita essas armadilhas? É um esforço consciente ou instintivo? E chega a ser um esforço? A última vez que tive de lidar seriamente com essa questão foi quando fiz o cartaz para a ACD 100 [centésima edição da mostra do American Center for Design]. Fui convidado para julgar a mostra e pensei "tudo bem". De certo modo, mesmo sem querer, havia desempenhado a função de crítico na mostra anterior. Naquela altura eu tinha predileção ideológica pelo ecletismo. Minha ideologia era enfaticamente a favor daquilo que não seguia nenhuma ideologia, o que é intrinsecamente contraditório. **Você foi bastante crítico em relação ao aspecto unidimensional da mostra. Muito inspirado na Cranbrook, se lembro bem.** Fui citado como tendo dito que a obra tinha um viés definido. Na verdade, fiz um levantamento da quantidade de coisas associadas à Cranbrook e disse: "Não é apenas uma impressão minha; esse livro inclui de fato muita coisa da Cranbrook", e Lorraine Wild, a diretora da mostra, achou que eu a estava acusando de puxar a sardinha para os seus conhecidos. Eu realmente a magoei – e não tinha a menor intenção de fazer isso. ■ Assim, fui convidado a cuidar da mostra seguinte e, no ensaio que escrevi na ocasião, disse "A última mostra foi determinada, seja consciente, subconsciente ou inconscientemente, por compromissos com certas ideologias estilísticas. A minha gestão vai ser isenta de todos esses dogmas". E aí tive de desenhar um cartaz para a mostra. E não é possível fazer design sem recorrer a algum estilo. Simplesmente não dá. ■ A ACD solicitou que eu escrevesse um texto para o verso do cartaz, e então digitei algo meio fluxo de consciência: "O que é o bom design? São todos esses elementos estilísticos ou é outra coisa?". Aí eles disseram: "Por que não coloca isso no próprio cartaz?". Eu respondi: "Claro, genial; uma solução tipográfica. Sei como fazer isso". Mas aí, claro, tinha de decidir o tipo. Futura, Bodoni ou Helvetica? Ou seja, que tipo usar de modo que não desse a impressão de que houve uma seleção deliberada de um estilo? Fiquei remoendo a questão durante duas semanas e, por fim, recorri à minha filha Elizabeth, que estava com quatro anos e havia acabado de aprender a escrever. Percebi que, se ditasse o texto e ela o escrevesse com sua própria letra, isso resolveria o meu problema. Ela escreveu direitinho. Coube na página. Portanto, foi como se Deus me dissesse o que fazer. ■ **Tem gente que acha que a Pentagram difunde um estilo específico de um grupo restrito. Como você responderia a essa concepção da Pentagram como um grupo que dita regras?** Ninguém é escolhido para ser sócio aqui por motivos completamente aleatórios. Tem de haver certa afinidade entre os sócios. Acho que, como em qualquer grupo que vota pela inclusão de novos membros, tudo depende de determinado ponto de vista. Exatamente como no caso de um departamento universitário, o desafio é tentar achar pessoas que sejam compatíveis, mas não idênticas. A premissa básica da Pentagram, estabelecida pelos cinco fundadores, nunca foi restrita como, por exemplo, a de um escritório fundado por uma única pessoa cuja perspectiva permeia tudo. ■ **Há uma comunidade exclusiva de design, um grupo restrito, um movimento que você considera ter surgido nesses últimos dez anos?** Vou contar qual é o meu mito de criação no que se refere ao campo do design gráfico. Antes havia apenas designers bons e designers ruins. Havia tão poucos designers bons que todos se conheciam de vista – Saul Bass estava em Los Angeles, e Chermayeff & Geismar, em Nova York. Dava para reunir todos em uma sala e eles se cumprimentariam e era um mundo maravilhoso. ■ Atualmente existe uma quantidade muito maior de profissionais, e acho que há espaço para grupos e subgrupos. O fato de a Pentagram, que na verdade não passa de uma firma, ser considerada uma espécie de grupo, seja ele qual for, é um pouco engraçado. Mas realmente engraçada é a ideia de que fulano ou sicrano podem ser dominantes. Sei que, para quem vive fora de Nova York, há essa fantasia de que tudo é decidido por esses caras em Nova York. Lembro que, na década de 1980, quando ia a reuniões do AIGA no Meio-Oeste, minha região natal, sempre me perguntavam sobre esses supostos encontros entre Massimo, Milton, Ivan, Rudy de Harak e sabe-se lá quem mais, que se reuniam e decidiam tudo o que iria acontecer no design gráfico nos doze meses seguintes!

Mas há a percepção de que se tratava de uma "sala da justiça", não? Sempre há essa ideia de que outras pessoas estão no comando. Para mim, o mais interessante é que muito das polêmicas nos últimos anos tem a ver, na verdade, com essa insatisfação de gente convencida de que outros grupos ocupavam o poder. Por exemplo, há designers que acham que a revista *Emigre* domina o mundo. E não são apenas os fãs da *Emigre*. Aqueles que jamais seriam publicados na revista é que ficam magoados: "Por que nunca publicam nada parecido com o que eu e meus amigos fazemos?". O mesmo se dá com a revista *Eye* e com outros grupos. Creio que houve uma época em que pessoas poderiam se sentir à margem se não tivessem frequentado a Cranbrook ou a CalArts, pouco importando se o trabalho realizado é de boa ou má qualidade. E os outros negariam veementemente que houvesse algum tipo de conspiração acontecendo ali. Por outro lado, para quem vive em Valencia, na Califórnia, não é difícil imaginar que esses designers da Costa Leste, com seus carros absurdamente caros, seus clientes poderosos e influentes, estão empenhados, só pelo prazer da coisa, em defender sua posição e sufocar todo tipo de designer pobre e inovador que está tentando projetar uma fonte deliberadamente esquisita.

Hoje, em 1997, há alguma questão polêmica no campo do design? Ou chegamos ao ponto de aceitar determinados padrões sem nem contar o trabalho efetivamente realizado? O feio *versus* o chato era a segunda polêmica mais famosa. A primeira tinha a ver com Tibor Kalman e Joe Duffy, o que era outra história. Era o tipo de discussão que estava se armando e tinha a ver com expressão pessoal *versus* prestação de serviço. O contraste feio *versus* chato remetia aos critérios de aparência aceitáveis no design gráfico. Não acho que tudo isso tenha sido resolvido. O que as pessoas querem de fato é que seus pontos de vista sejam reconhecidos e validados. Elas não querem ser descartadas assim, sem mais nem menos. Os designers de uma geração mais velha não querem ser simplesmente postos de lado como um bando de babacas que tiveram seus dias de glória muito tempo atrás e agora estão relegados a defender de maneira cega e patética sua posição contra garotos que tiveram muito menos oportunidades de conseguir um lugar ao sol. E aqueles que estavam na ofensiva não queriam ser etiquetados apenas como um bando de niilistas obtusos que acham engraçado fazer coisas de aparência confusa só porque há um motivo para não se fazer isso. Uma vez que se entende que um ponto de vista é válido, as disputas se arrefecem. Uma disciplina madura encontra uma maneira de desenvolver uma discussão depois de superada essa fase.

Parece estar havendo

bastante discussão nos círculos acadêmicos... Enquanto acabava a última frase, percebi que, se há alguma disputa para acontecer, é aquela da abordagem teórica *versus* – não quero dizer uma abordagem "anti-intelectual", mais pragmática – uma abordagem menos teórica do design gráfico. Há essa nova mania de escrever sobre design gráfico em vez de praticá-lo. Posso aceitar todo tipo de design diferente, mas há algo no texto ruim que me deixa furioso e me incomoda bem mais do que o design ruim.

O que você considera texto ruim nesse campo? Aquilo que não dá para entender, que é vago e circular. Um escritor precisa ser muito inteligente, e acho que um número menor de pessoas devia se dedicar a isso. Quem não tem inteligência suficiente para ser escritor não deveria simular o processo. Grande parte desses textos é redigida por gente que não tem muita certeza do que quer dizer, mas aprendeu a simular os enunciados da escrita acadêmica. Fico incomodado com o fato de isso ter virado um passatempo novo e obrigatório dos designers. O que me preocupa mais é um designer talentoso convencido de que, para avançar na profissão, tem de aprender a escrever esse tipo de "crítica do design", que esse é o verdadeiro caminho para a glória nesse campo, agora com a chegada do século XXI.

Talvez não seja um caminho para a glória, mas sem dúvida é um caminho para se tornar professor efetivo em uma universidade! Acho que, no imenso mundo lá fora, é um progresso que o design gráfico esteja ombro a ombro com muitos outros campos que têm um discurso igualmente cifrado. No fim, talvez seja suficiente que os professores de design possam fazer um brinde em uma reunião na faculdade com o chefe do departamento de literatura comparada, e isso já seja importante para o design gráfico.

Nós trabalhamos juntos na edição de *Looking Closer*, uma coletânea de textos críticos. Como você define a escrita crítica? Quando trabalhamos pela primeira vez em *Looking Closer*, não foi fácil reunir exemplos de textos críticos sobre o design gráfico. Tivemos de olhar nos dez anos anteriores e montar uma lista, e havia bastante material, pois estávamos recuando bastante no tempo. Mas desde então, entre as principais revistas de design, a *Emigre*, as edições especiais de *Visible Language* e todas essas publicações, há uma tonelada de crítica sobre design gráfico. Grande parte é produzida por gente que escreve de uma perspectiva acadêmica. No entanto, a minha predileção é pelos textos eficazes, nos quais todos têm uma ideia clara do que está sendo dito. Isso não significa que não haja lugar também para os outros tipos de texto, mas nestes não tenho nenhum interesse pessoal.

Qual seria o modelo de uma crítica de design efetiva? Os melhores autores são capazes de uma argumentação articulada, de adotar um ponto de vista e de fundamentar o texto em coisas que podem ser tocadas e avaliadas por pessoas comuns. Os bons textos sempre estão vinculados a aspectos mais amplos do que o objeto em discussão, e até mesmo vinculados a coisas que não fazem parte do campo do design gráfico. Já perdi a conta de todos os textos que li nos quais fico com a impressão de que o autor topou com algum estruturalista, feminista ou proto isto ou aquilo francês, e aí pensou "Uau, será que não há um jeito de aproveitar isso em algum aspecto do design gráfico?". E então coloca um título do tipo "O design gráfico e o panóptico dicromático feminista".

Você acha que os designers estão ficando mais inteligentes ou mais burros? Mais inteligentes. Basta dar uma folheada nas edições da revista *Communication Arts* da década de 1970 para ver que o campo do design gráfico era o mais idiota do mundo. Mesmo aqueles que faziam um ótimo trabalho poderiam muito bem estar customizando carros. A maioria dos perfis não tinha absolutamente nada, zero de conteúdo intelectual. Na verdade, era nas resenhas, e não nos perfis, que Dugald Stermer e Byron Ferris escreviam os textos mais substanciais e provocadores. Quase que de passagem, eles faziam comentários que na época abriram meus olhos como designer. Mas a gente não tinha a menor ideia de que havia coisas aceitáveis e inaceitáveis, ou coisas que mereciam ser pensadas e examinadas. Diga-se o que for a respeito dos excessos mais incompreensíveis da crítica universitária do design, mas ela não deixa de ser uma tentativa de ver as coisas com mais rigor e que acabou exercendo influência positiva de cima para baixo. Agora o passo seguinte é aprender a se divertir com esse material, aprender a discordar de maneira erudita e inteligente.

Vamos encerrar com esta pergunta: o que é o design gráfico para você? Uma das minhas cenas prediletas está no filme *Faça a coisa certa*, do Spike Lee. Ela não faz muito sentido, não contribui para o enredo, não tem nada a ver com nada, mas sei muito bem por que está lá. É uma fala do

Mr. Señor Love Daddy, o DJ que representa o coro grego de toda a história. Mais ou menos no meio do filme, há uma panorâmica pelo bairro e então ele aparece, fazendo rap entre músicas ou com alguma música ao fundo, e tudo o que ele faz é enumerar nomes de artistas e músicos negros. É muito emocionante porque não há absolutamente nenhuma coerência estética ou ideológica nos nomes que vai dizendo: "Run-D. M. C., John Coltrane, Parliament-Funkadelic, Ella Fitzgerald, Prince, Sam Cooke, Steel Pulse...", e assim por diante, nomes de rappers, de jazzistas, de todos os artistas possíveis do passado, do futuro, somente os nomes deles, um após o outro. Ele nem sequer anuncia "Estes são os músicos afro-americanos que deram sua contribuição", e tampouco diz algo como "Agora você tem uma ideia de toda a riqueza da nossa cultura". Tudo o que faz é dizer os nomes. E há algo tocante nessa recitação de nomes, nas diferenças entre eles, e no fato de que todos estão compreendidos em uma única ideia, a ideia de etnicidade nesse caso. Acho essa cena tocante. ■ Sempre achei que, se o design gráfico for uma ideia, o que faz dela algo poderoso é a possibilidade de se entoar algo assim, citando os nomes de Don Trousdell, Alexey Brodovitch, David Carson, Jilly Simons, Alex Isley, Laurie Haycock, Lester Beall, Woody Pirtle... e dá para ir longe com isso. Eu poderia enumerar mais nomes de designers gráficos do que qualquer outra pessoa nos Estados Unidos, e isso para qualquer período. Se tivesse de escrever os nomes em quadros-negros, eu conseguiria preencher o maior número de quadros. Todo mundo já teria desistido, todos estariam caídos pelo chão, e eu ainda estaria escrevendo nomes. Portanto, o que faz desse campo algo empolgante, o que lhe confere um senso de possibilidades, não é só o que vou fazer amanhã, mas o que algum outro vai fazer amanhã.

MASSAGEM DA MENSAGEM

MORRIS WYSZOGROD era estudante de design gráfico em Varsóvia, na Polônia, quando o país foi invadido pelos nazistas, em 1939. Por ser judeu, foi impedido de continuar estudando e enviado pelos alemães a uma sequência de campos de trabalho e de concentração. Colocando a sua habilidade como calígrafo, tipógrafo e ilustrador a serviço das autoridades dos campos, ele conseguiu sobreviver ao horror do Holocausto. Após ser libertado, em 1945, emigrou para os Estados Unidos, onde frequentou escolas de arte e acabou sendo contratado por Paul Rand como diagramador e designer no departamento de arte da agência William H. Weintraub. Wyszogrod continuou trabalhando no campo da publicidade. Seu livro de memórias, *My Brush with Death*, ilustrado com os desenhos que fez após sua libertação, foi publicado pela State University of New York (SUNY) Press em 1999.

Como você acabou preso nos campos de concentração nazistas? Quando ocuparam a Polônia, os alemães criaram os chamados Conselhos Judaicos, ou Judenrat, que eram encarregados de executar as ordens dadas pelos invasores. Essas ordens eram de todo tipo, mas a principal delas tinha como objetivo reunir grupos de judeus para ser usados como mão de obra escrava, começando pela limpeza do entulho produzido pelos bombardeios. Os judeus tinham de realizar os piores tipos de trabalho. Os campos de concentração vieram mais tarde, quando decidiram levar adiante o extermínio em massa.

Quantos anos você tinha? Estava com dezenove anos em 1939, quando começou a guerra.

Isso foi antes da criação do gueto de Varsóvia? Foi. O gueto de Varsóvia foi estabelecido no dia 15 de novembro de 1940, numa manhã de segunda-feira. Mas a perseguição começou imediatamente. Meu primeiro contato com os alemães foi em 1939, poucas semanas antes de entrarem em Varsóvia, quando fui detido de manhã a caminho da escola de design gráfico, na qual havia me formado, mas cujo diploma não pude receber devido à eclosão da guerra. Fui parado na rua por um soldado e, quando ele perguntou "Judeu?", respondi "Sim", em alemão. Então ele me ordenou que subisse num caminhão, no qual estavam cerca de quarenta judeus. Tive coragem de perguntar a um dos soldados para onde iam nos levar, e ele disse "Vocês vão trabalhar". Fomos levados até o instituto central de treinamento físico, no norte de Varsóvia. A cada um dos judeus os alemães perguntavam "Que tipo de trabalho você faz, qual é a sua profissão?". Eu disse a eles que era designer gráfico. **E como eles reagiram quando você disse isso?** O fulano que estava fazendo as perguntas virou-se para um soldado e comentou sarcasticamente: "Olha aí, pegamos um artista judeu. Dá para imaginar?". Então disse para nós: "Hoje vocês vão fazer uma obra de arte". Fiquei aliviado porque vi grandes placas escritas em gótico alemão e sabia que podia fazer aquilo. Mas aí ele ordenou que o seguíssemos e, quando nos aproximamos de um prédio que havia sido semidestruído, ele disse: "Façam uma fila junto à parede e tirem toda a roupa, até a cueca". Achamos que seríamos executados ali mesmo. Em vez disso, ele disse: "Agora, com as cuecas, limpem as latrinas. Esse vai ser o trabalho artístico de hoje". **Você foi enviado ao gueto?** Não. Primeiro fomos recrutados pelo Judenrat para fazer parte da mão de obra escrava. Eles organizavam filas com milhares de judeus que saíam do bairro judaico em direção a vários pontos de Varsóvia, quase sempre quartéis ou comandos militares, para fazer tarefas de limpeza e todo tipo de trabalho sujo, como lavar roupas de baixo, limpar alojamentos e latrinas, coisas assim. Sentíamos uma fome horrível. Por isso um vizinho nosso, do qual jamais vou me esquecer, pois seu conselho acabou me salvando a vida, sugeriu que eu me apresentasse como voluntário. Quando se fazia isso, em vez de ser arrebanhado na rua, havia uma chance de conseguir uma tarefa melhor ou um trabalho interno; quase todos nós, com exceção de alguns profissionais, éramos obrigados a trabalhar ao ar livre. E isso significava rolar barris de gasolina, limpar as ruas e trabalhar no campo sob constantes pancadas e berros assustadores. Os alemães apreciavam dar ordens aos berros ao mesmo tempo que surravam as pessoas. Por isso eu me apresentei como voluntário.

Para fazer o quê? Não tinha a menor ideia. Mas nos levaram para um campo de aviação em Varsóvia, onde começamos a limpar e a refazer a pista, que fora destruída pelos próprios poloneses diante da ocupação inevitável. O homem que liderava esse grupo específico era um professor, um judeu do norte da Polônia chamado Alan Eisenberg, e ele me perguntou que tipo de trabalho eu fazia. Descobrir o que um judeu era capaz de fazer era importante para ele e também para o judeu, pois, se fizesse algo útil, seria um modo de aplacar a fúria alemã. Por isso contei a ele que era designer gráfico. Então fui levado a uma das casas no campo de aviação e apresentado a um jovem segundo-tenente, que me falou que iria investigar para ver se eu não estava mentindo. Se estivesse dizendo a verdade, ele me daria uma oportunidade. Assim ele me apresentou a um oficial mais graduado, dizendo que eu era um judeu que alegava ser artista. O oficial riu e comentou: "Já vamos descobrir que tipo de artista você é...". Aí eu disse: "Mas não tenho nenhum instrumento comigo". Ele então disse: "Vamos arrumar papel e tinta". "Mas não tenho pincel nem caneta de caligrafia." Como ele não conseguia achar uma caneta, acabou me dando uma simples ponta de pena. **E o que eles queriam que você fizesse?** Caligrafia. Ele trouxe uma folha grande de papel, um alvo, e disse que eu deveria segurar aquilo diante de mim. Pensei que ia me matar, que ia me usar como alvo. Ele começou a rir e disse: "Ninguém vai lhe fazer mal. Corte o papel e use o verso para fazer a caligrafia". Nesse meio-tempo, achei que já tinha perdido toda a coragem. **E você continuava sem caneta?** Disse então que ia confeccionar uma caneta e que para isso precisava de uma faca. Nós tínhamos sido advertidos de que nenhum judeu podia carregar ferramentas, nem uma colher, muito menos algo afiado – isso implicava morte imediata. "Se o senhor me emprestar um canivete, faço uma caneta", disse. Fui então até o jardim, peguei um galho de árvore e fiz uma caneta achatada para caligrafia. Tudo isso sob o olhar de águia do oficial, temeroso de que eu aprontasse algo com seu canivete. Aí eu o devolvi gentilmente, empunhei a caneta e disse: "O senhor pode me dizer as suas iniciais?". Ele disse "W. P., Wilhelm (ou Willy) Pomeranten". Então desenhei o *W* e o *P* de maneira bem elaborada e caligráfica. Ele mostrou o trabalho ao tenente, que me perguntou: "Onde aprendeu a fazer isso?". Aí respondi: "Na cidade de Varsóvia, no departamento de artes gráficas da Escola Marechal Josef Pilsudski". "E quem eram os seus professores?", ele indagou. Disse que eram alemães e poloneses, e ele gostou disso e me deu a tarefa de desenhar três identificações principais para os soldados – para o armário, a cama e a maleta. Eles adoraram. Com isso provei que não estava mentindo e que conhecia o gótico alemão tão bem como qualquer alemão. E isso só foi possível porque havia estudado e conhecia bem o assunto. Esse foi o meu primeiro trabalho nessa unidade específica da Luftwaffe.

E era uma posição estável? Não, não foi uma carreira contínua; tive de passar por todo tipo de tribulação, trabalhos, medos e horrores durante seis anos.

Nos campos, como o design gráfico salvou a sua vida? Eu fui arrebanhado e lançado às chamas do gueto de Varsóvia. A partir dali, só restava a morte. Fui levado ao infame campo de Majdanek, mas tive a sorte, juntamente com outros judeus, de ser escolhido para ficar em um subcampo, um dos chamados campos de trabalho, vinculado à fábrica de aviões Heinkel Flugzeugwerk, e instalado em uma área que, antes da guerra, havia sido ocupada pela indústria bélica polonesa. Ficava na principal região industrial da Polônia. Eles tinham todo o maquinário e todo o equipamento que haviam capturado, assim como as suas próprias máquinas. A função do campo era supostamente uma oficina de aviões. Mais tarde passaram também a consertar caminhões e carros de combate. Parece que os judeus foram se adaptando a essas condições duras, e o tradicional comerciante acabou virando um bom mecânico, e o mecânico virou um bom eletricista. E, por milagre, escapando de ser morto ali naquele campo, fui escolhido para pintar paredes.

Uma pintura normal de parede? É, pintura comum, interna e externa, dos alojamentos, fábricas ou grandes hangares recém-construídos, para onde trariam os aviões danificados e as peças. E, então, provei também ali que podia pintar não só as paredes, mas também belas inscrições. Alguém me viu fazendo isso e perguntou "Tudo bem, mas você consegue fazer uma placa?". A primeira placa que fiz dizia "Entrada proibida para judeus e cães". Fiz outras parecidas e também placas muito engraçadas para as orgias que eles promoviam fora dos limites dos campos de extermínio.

Esse tipo de trabalho artístico e de letreiros era considerado essencial? Você acreditava que isso salvaria sua vida? Foi o que me salvou. Passei a receber encomendas para fazer belos desenhos para os entes queridos dos alemães, que haviam ficado em casa no "belo Ocidente", longe da Polônia, dessa *Schweineland*, dessa terra de porcos repleta de sujeira e vermes – os judeus e os polacos. Tais encomendas vinham de um fulano que era um assassino, mas fazia questão de deixar claro seu amor pela arte, e ele me fez desenhar com caligrafia um belo poema para sua mulher, com belos versos, belas frases para sua bela família enviadas de uma terra que lhe estava corroendo a alma. Pois, no final das contas, ele não gostava do que era obrigado a fazer, mas "a gente tem de fazer isso". Era tudo em prol da sobrevivência do Reich alemão, de Hitler e do mundo. Ele não gostava de meter as mãos na sujeira, na merda e no sangue. Mas aquilo era algo que lhe tinham pedido encarecidamente, pois havia bons motivos. Enquanto houve essa relação entre o assassino e mim, eu me senti seguro. Minha mãe, o anjo, estava ao meu lado, me protegendo e adiando a minha execução, a minha morte. Mas nem sempre tive a sorte de encontrar clientes assim.

É difícil imaginá-los como

“clientes”. Você já me contou que outro cliente, um comandante da ss, fez com que você copiasse grandes quadros para a coleção pessoal dele. Era outro que amava a arte. Ele tinha rolos de tela. Não sei onde os conseguiu. Ele me fez copiar um desses quadros que lhe haviam sido emprestados por um colega. Ele queria uma cópia. Não esperava que ele me desse alguma explicação. **Você lembra qual era o quadro?** Era uma paisagem pintada por Delacroix. Ele era muito simpático comigo. Veio me ver e me ofereceu um cigarro; aí me desculpei dizendo: “Infelizmente não posso aceitar o cigarro porque não tenho fósforo; não temos permissão para carregar fósforos”. Ele disse: “Bem, comigo não precisa fingir. Tome o fósforo e fume enquanto trabalha”.

E havia material adequado para esse tipo de trabalho? Era complicado conseguir pincéis e tintas. Disse a ele que não tinha tela nem pincéis, e que, para pintar os muros da fábrica fora do perímetro do campo, havia usado apenas grandes brochas. Ele disse que não me preocupasse: conseguiria um carro e, no lugar do pijama listrado, me arrumaria para vestir um terno alemão, com essas calças de linho e uma camisa abotoada até o colarinho – eles não tinham zíperes. E também me disse para usar um boné para esconder o corte de cabelo usado no campo, chamado por eles de “avenida de piolhos”. Claro que eles tinham esses armazéns com toneladas de roupas tiradas dos vivos, antes que morressem ou depois de terem sido mortos. **Então ele deixou que você saísse do campo?** É. Eles me levaram de carro até Lublin, e ali tudo estava em ordem e tranquilo, e havia lojas de tintas, onde consegui aguarrás, óleo de linhaça e pincéis e telas. O ss armado que me acompanhava assinou um recibo. Os poloneses não gostaram nada daquilo. Eles faziam ideia de quem eu era porque o relacionamento entre mim e o guarda era muito esquisito, formal demais, e eu falava só o necessário. Com eles falei em polonês, claro. **E você fez outros tipos de trabalho nessa carreira?** Fiz um cartaz horrível, um crânio sobre fundo negro, e numa das órbitas do crânio havia um piolho se arrastando, sob a frase "Cuidado: peste judia". E pintei todo tipo de lemas em paredes. Eram coisas tiradas do léxico da ss. Por exemplo, "Minha vida é dedicada ao Führer, ao sonho"; "Ame, fume e se empanturre até a morte"; "Beba até morrer". Frases nojentas, frases pornográficas que usavam nas festas. Eles gostavam muito de pornografia. **Você ficava isolado do resto da população judia? Tinha um ateliê, alojamento ou algo assim mais limpo?** Por um período curto fiquei isolado dos alojamentos militares porque eles alegavam que, se eu fosse para lá, poderia trazer piolhos e vermes. Por isso me colocaram em um lugar com dois outros judeus, pai e filho. O pai trabalhava na administração e, devido à sua posição, conseguira sorrateiramente levar para lá o filho, que não estava passando muito bem. Então durante um tempo dormimos nesse cubículo perto dos alojamentos. Esse era um privilégio especial, pois temiam que eu tivesse piolhos. Eles morriam de medo do tifo.

Houve algum momento nesse período em que lhe pareceu que você estava deixando de ser útil para eles como designer? Houve. Eles nos mandavam a diversos campos para fazer diferentes tipos de trabalho, como abrir valas e queimar cadáveres. Isso não tinha nada a ver com arte. Só com a morte. Um desses campos era o de Plaszów, onde Steven Spielberg fez o seu filme. Ali eu não tinha nenhum privilégio.

E você terminou a sua passagem pelos campos como artista gráfico? Não. Como um simples mortal. Quando fui libertado estava em Theresienstadt.

Esse não era o chamado campo-modelo, onde os alemães permitiam um pouco de liberdade para provar à Cruz Vermelha que os campos eram mais ou menos humanitários? É. Mas não era bem assim. Era um campo que servia de escala para os campos de extermínio. A maioria dos prisioneiros era de judeus alemães e austríacos, casais mistos, pessoas com algum tipo de ascendência judaica, gente de todo tipo – gente devastada. Tinha uma orquestra lá, mas não no meu tempo. Eu fiquei lá nos últimos dias do campo. Éramos 36 mil prisioneiros, e eles pretendiam explodir todo mundo com dinamite. Todo o campo seria dinamitado. E isso só não ocorreu por causa do comandante da SS (cujo dicionário inglês-alemão trouxe comigo para os Estados Unidos) que decidiu se entregar aos russos e revelar que o local estava prestes a ir pelos ares.

Você fez algum desenho enquanto estava lá – imagens do que via? Não. Tenho uma boa memória. Gravei tudo, como você está gravando agora. Só que gravei no meu espírito.

Devido à ameaça de morte, você não podia desenhar no local. De maneira nenhuma. O fato de estar com um lápis sem permissão já significava a morte. Um pedaço de papel podia ser usado para transmitir uma mensagem. Por isso, era proibido qualquer tipo de instrumento. No entanto, como eu era o chamado

Kunstmahler, o "artista", tinha autorização para andar com um lápis ou um pincel, e sempre fazia isso às claras. **Você acha que o fato de ser um designer e um artista de fato salvou-lhe a vida?** Os trabalhos gráficos me salvaram a vida, sem a menor dúvida. E mesmo na SS era possível uma abordagem humana, um certo entendimento, mas isso se devia sobretudo ao egoísmo deles – pois eu lhes era útil. Era exatamente como usavam um sapateiro. Não havia a menor diferença no meu caso, talvez fosse um pouco mais respeitado porque fazia coisas belas que lhes agradavam. Dava para notar quando aflorava um sorriso no rosto deles. Havia uma certa satisfação. O fato de que um SS tirou um cigarro e o jogou para mim por sobre os ombros, como se fosse para um cão, significava "Muito bem, ótimo" naquelas circunstâncias. E eu sentia que todos que serviam para algo eram mantidos vivos por mais algum tempo.

STUART EWEN, professor no Hunter College da City University of New York (CUNY), é estudioso de mídias, cultura do consumo e métodos de persuasão. Nos livros *All Consuming Images: The Politics of Style in Contemporary Culture* [1988] e *Captains of Consciousness* [1976], argumenta que a publicidade e o marketing estão ligados de modo tão inextricável à vida cotidiana que o público se tornou vulnerável a muitas formas de propaganda. Segundo ele, aqueles que controlam a criação e a distribuição de imagens exercem um poder enorme sobre a opinião e o comportamento públicos. Em seu livro de 1996, *PR!: A Social History of Spin,* Ewen examina uma das formas mais difundidas de manipulação de massas e discute como podemos entender isso. Um fenômeno característico dos Estados Unidos, as relações públicas são tão antigas quanto o país e já foram usadas para disseminar ideias tanto progressistas como conservadoras. A sua versão moderna, o *spin*, é o processo de transformar ideias ruins em ideias positivas, de alterar os fatos para que confirmem uma imagem manufaturada. De jornalistas a designers, muita gente se dedica a essa atividade. A rede de relações públicas é imensa, e seu impacto, considerável. **Como você define as relações públicas?** Existem duas definições gerais. No dia a dia, usamos o termo para descrever a manipulação tendenciosa da verdade. No âmbito da profissão, a descrição mais genérica que posso oferecer é que as relações públicas abrangem as práticas que tentam criar ambientes mentais que podem ser confundidos com a realidade pelas pessoas, com a finalidade de influenciar o modo como estas percebem o mundo e também o modo como se comportam no mundo. **Sempre foi assim?** O significado das relações públicas varia em função do momento histórico. No início do século xx, quando o principal espaço público da verdade era a palavra impressa – e estou me referindo aqui à imprensa sensacionalista –, as relações públicas eram usadas para chamar a atenção para os males sociais, como a corrupção nos meios empresariais ou no governo. No contexto do jornalismo, as verdades sociais começaram então a adquirir forma. **O que você quer dizer com "verdade"?** No século xx, participantes de diferentes arenas passaram a considerar a verdade como algo que podia ser controlado. Não estamos falando de uma sociedade tradicional ou hierocrática, e sim de uma sociedade na qual se travam verdadeiras batalhas para se definir o que é a realidade. Em certa medida, a origem disso está no Iluminismo. Em parte, ao contestar os velhos sistemas de superstição, o que o Iluminismo faz é dizer que a verdade é algo a ser estabelecido por meio de um processo de verificação. A verdade tem de ser mostrada às pessoas.

A religião oferece um tipo de verdade. Como você definiria uma "verdade" secular? No século XX, a verdade é um conceito secular e algo que precisa ser estabelecido. Para os divulgadores da chamada Era Progressista [1890-1920], empenhados em articular um movimento de reforma social [nos Estados Unidos], a principal maneira de se estabelecer a verdade é pela publicação dos fatos. Por isso o jornalismo é um meio tão bom para isso. Nessa época havia também aqueles que eram favoráveis aos interesses das grandes empresas, muitos dos quais tinham experiência jornalística e entendiam que a verdade tem sabor, cheiro e uma aparência específica. Eles começaram a constatar, sobretudo ao reagir ao uso progressista do jornalismo, que podiam gerar verdades jornalísticas alternativas para qualquer finalidade.

De que maneira, então, a verdade é fabricada? O paradigma usado para difundir o ponto de vista corporativo é o do jornalismo impresso. E o pressuposto subjacente a esse paradigma é o de que as pessoas são capazes de avaliar os fatos e racionalmente chegar a formas de compreensão do mundo que vão incentivá-las a colocar certos tipos de demanda a esse mundo. Assim, se considerarmos Theodore Vail, o presidente da AT&T, ou algum outro pioneiro importante das relações públicas, perceberemos que usam o instrumento da palavra para expor argumentos efetivos.

Eles já se intitulavam relações públicas? Os termos "publicidade" e "relações públicas" foram empregados desde o início. É uma expressão antiga, que no século XVIII tinha a ver com o discurso no âmbito da esfera pública. No início do século XX, surgem pessoas que entendem os meios de comunicação como formas de transmitir informações para um público menos físico, um público que talvez esteja, na realidade, lendo um jornal nas sala de estar de sua casa. Há um sentido de relações públicas como algo que se difunde. A missão de Theodore Vail na AT&T era convencer o público de que um monopólio privado de todas as comunicações telegráficas era o mais conveniente para os Estados Unidos, e ele criou um departamento de relações públicas para alcançar esse objetivo.

A mídia é o veículo de relações públicas, ou elas se infiltram na mídia? Não há dúvida de que os profissionais de relações públicas veem como parte de seu trabalho a tentativa de se infiltrar nos meios de comunicação. Mas há algo nesses meios que torna esse tipo de promiscuidade ideológica particularmente viável – por diversos motivos. Um deles é que muitos dos pioneiros de relações públicas (e isso acontece em certa medida até hoje) eram originários do jornalismo, e existem vínculos sociais entre o setor publicitário e o setor jornalístico. O segundo é que, no caso dos jornais diários, com sua incessante necessidade de produzir algo novo, que vai ser substituído por outra novidade na manhã seguinte, é muito conveniente aproveitar material já digerido e com aparência de notícia. E há também um terceiro elemento relevante, ainda que na maioria das vezes este seja mais difícil de ser documentado. Em grande medida, as instituições ou os indivíduos interessados em usar as relações públicas e influenciar o noticiário são justamente aqueles que anunciam nesses jornais; há então uma espécie de reciprocidade econômica. **Há uma simbiose no relacionamento entre publicidade e relações públicas?** Quando a gente tem a rara oportunidade de mergulhar nos arquivos das empresas, sobretudo referentes ao passado, quando tais arquivos eram menos protegidos, é possível achar indícios interessantes. Nos arquivos da AT&T relativos aos anos de 1907 a 1913, por exemplo, descobri que havia muita oposição ao monopólio da empresa. Parte dessa oposição vinha daqueles para quem a telefonia devia ser um serviço público. Outros opositores eram os clientes das companhias telefônicas locais. Então havia uma situação em que, por exemplo, quando a AT&T estava tentando estabelecer um monopólio em Kansas – e havia uma companhia telefônica local concorrente em Kansas City –, ela não conseguia uma boa cobertura na imprensa. Encontrei documentos indicando que, à medida que a AT&T começou a comprar espaço publicitário nos jornais, eles passaram a fazer uma cobertura mais favorável, e o monopólio acabou adquirindo uma imagem positiva. **Como surgiu a imagem da Ma Bell? Foi baseada em publicidade ou em relações públicas?** Bem, a história da AT&T é fascinante porque, em uma época em que a maioria das empresas daquele tamanho pouco se importava com o público, a AT&T, em função de seu produto específico e de uma estratégia corporativa de longo prazo, tinha uma visão extraordinariamente requintada. Não acho que seja possível traçar uma linha entre a publicidade e qualquer outra coisa. Theodore Vail era uma espécie de gênio empresarial que empregava a publicidade e as relações públicas para alcançar seus objetivos. De uma perspectiva de relações públicas, por exemplo, ele decidiu contratar mulheres como telefonistas, ou seja, as pessoas, ao se comunicarem com a empresa, sempre conversavam com vozes femininas.

A atividade de relações públicas sempre supõe algum tipo de subterfúgio? Trata-se apenas de criar um mito para alcançar algum objetivo inconfessável? Quando comecei a estudar o assunto, era essa a minha opinião, reforçada pela minha personalidade americana geneticamente paranoica. Uma das coisas que a gente vê, ao estudar a história das relações públicas, é que, embora certamente haja muito engano deliberado e muita propaganda, também há o que se poderia chamar de profissionais de mão dupla, ou seja, aqueles basicamente convencidos de que é importante cumprir o prometido, sob pena de falhar em sua missão. Assim, embora grande parte das relações públicas seja voltada para a persuasão, também há uma parte benevolente. Às vezes tal benevolência é apenas parte de uma imagem, mas em outras ela resulta em políticas relevantes – como no caso de Vail, que adotou uma política de preços que, desde o início, permitiu que os americanos comuns tivessem acesso ao serviço telefônico. Daria para dizer que isso certamente foi bom para o negócio. Mas também introduziu os americanos comuns no século xx.

Ao ler o seu livro, a noção de "verdade fabricada" me fascinou e assustou. Graças à capacidade de convencimento das relações públicas, é difícil dizer onde está a verdade, distinguir entre a realidade e o mito, e quais mitos convém aceitar porque são bons e quais devemos rejeitar. Vivemos em um mundo muito estranho, no qual as pessoas são incessantemente bombardeadas por mensagens do tipo "cavalo de Troia", dotadas de um objetivo instrumental oculto. Isso faz parte do folclore dos americanos; um dos temas que os estudantes sempre querem discutir é o da publicidade subliminar, como a palavra "sexo" inscrita no biscoito Ritz e os pênis ocultos no maço de Camel. A maioria daqueles que trabalham em publicidade diz: "Olha, isso é uma bobagem, simplesmente não tem nada disso". Para mim, o mais interessante no mito da publicidade subliminar não é a sua existência ou não, mas o fato de que todo mundo acredita em sua existência. De certo modo, aí está o exemplo de um mito na medida em que as pessoas se sentem continuamente manipuladas por tudo o que está à volta delas. Esteja ou não escrito "sexo" no biscoito Ritz, isso está dito em algum lugar, e toda mensagem que chega até nós tem um propósito oculto que talvez não seja perceptível de imediato.

Por que a verdade fabricada é tão comum? Um dos motivos pelos quais a ideia de fabricar a realidade tornou-se tão problemática em nosso século deve-se a algumas mudanças dramáticas: primeiro, no modo como se entende o público; depois, em função disso, na maneira de se dirigir a esse público. No começo do século XX, as pessoas ainda se aferravam a uma concepção iluminista de um público racional. Portanto, ainda que se tentasse difundir incessantemente informações que ajudariam a moldar a forma como a realidade era vista pelas pessoas, supunha-se que elas tinham uma capacidade crítica e avaliariam tais informações. ■ Paralelamente a essa noção de um público racional, também começou a se consolidar no final do século XIX toda uma tradição intelectual que contestava a ideia de racionalidade como o principal fator no comportamento humano. Quase todo mundo está familiarizado com a influência de Freud e das suas concepções sobre a importância do inconsciente. Na realidade, porém, mais do que Freud, destaca-se uma linha de pensamento inaugurada pelo psicólogo social francês Gustave Le Bon, que em 1895 publicou um livro intitulado *Psicologia das multidões*. Em poucos anos ele já havia sido traduzido para dezenove línguas. E era, a propósito, leitura de cabeceira de gente como [o ex-presidente norte-americano] Teddy Roosevelt e [o jornalista político] Walter Lippmann, assim como de muitos outros que exerceram grande influência política. **Essa foi a primeira vez que a multidão foi vista como uma entidade que podia ser manipulada tendo em vista determinada finalidade?** Bem, creio que o temor de uma classe operária cada vez mais militante deu origem a essa noção da multidão como algo perigoso, e também movida por paixões animais, e não pela razão. **Ela passou a ser vista como uma multidão. E não se pode dialogar com uma multidão.** O próprio Le Bon defendia a ideia de que os burgueses ainda eram capazes de raciocinar, ao contrário da multidão. Então há o surgimento aí de uma nova disciplina, a psicologia social, que, ao lado do estudo da psique individual realizado por Freud, começa a investigar essa mente coletiva. E, logo em seguida, não apenas todo mundo passa a discutir as descobertas de Le Bon – a vida inconsciente das multidões – como as pessoas começam a desconfiar que não se trata de algo restrito à classe operária, e sim de um aspecto do comportamento humano em geral. **E o que seria isso?** De acordo com Le Bon, com o fim das hierarquias e com a ideia de democracia, agora até mesmo os elementos mais inferiores da sociedade se consideram cidadãos com direitos. **O que, suponho, ele achava que levaria à criação de uma espécie de "mediocracia".** Pior ainda. Levaria à barbárie, segundo ele. Le Bon não estava incomodado com um rebaixamento dos padrões. O que o preocupava era a ruína completa de todos os padrões, a criação de uma sociedade movida por paixões animais e irracionais. E uma das coisas que ele faz repetidas vezes é associar a mente popular à mente de certo tipo de gente que sempre foi considerada irracional ou pré-racional – mulheres, crianças, selvagens, etc. ■ O argumento dele era que a vida política atual deixou de se basear no discurso racional. Hoje a vida política é movida por essas influências radiais, por processos neurológicos primários, e, portanto, cabe àqueles que tradicionalmente são os líderes da sociedade, uma vez que já não podem mais governar com base no respeito pessoal, desenvolver uma compreensão melhor dos mecanismos de funcionamento da mente das massas, a fim de serem capazes de moldá-las. **Moldar ou satisfazer?** Bem, Le Bon está falando da necessidade de aprender a dar forma a essa matéria bruta e fazer dela uma clientela política. Portanto, não se trata de satisfazer. O apaziguamento sempre evoca a ideia de alguém, em um contexto público, rebaixando a cultura. O interesse de Le Bon é aproveitar a psicologia social das multidões para o desenvolvimento de determinados tipos de conhecimentos e técnicas que permitam aos cientistas sociais reconhecer as demandas da multidão. **E Le Bon recorreu às ferramentas das relações públicas para divulgar suas ideias?** Ele nunca colocou em prática o que estava propondo. O interessante em Le Bon é que ele representa a emergência de um setor da intelectualidade cujo papel principal é monitorar e influenciar as atitudes públicas, e, ainda que ele próprio não tenha feito isso na prática, ele antecipa o surgimento daquilo que atualmente é um segmento incrivelmente amplo da intelectualidade americana, cujas atividades corriqueiras estão voltadas para o estudo e a conformação de atitudes públicas.

E como as ideias de Le Bon se disseminaram pela cultura americana? Walter Lippmann, o famoso jornalista e porta-voz americano, é um dos que estavam completamente impregnados das ideias de Le Bon. Durante a Primeira Guerra Mundial, ele fundou o Committee of Public Information [Comitê de Informação Pública], com o objetivo de divulgar a guerra para o público americano.

Mas Lippmann era um progressista. O período da Primeira Guerra assinala o fim do progressismo e uma mudança na intelectualidade de classe média – que antes clamava por uma reforma social, em função tanto das odiosas transgressões no topo da sociedade como do temor em relação aos estratos inferiores, mas que nesse momento se reconcilia com a elite e passa a contribuir com sua inteligência para manter a ordem nas camadas inferiores. Quando a gente lê o que Walter Lippmann escrevia quando era estudante universitário em Harvard em 1910, é evidente que ele era um democrata militante. No entanto, por volta de 1914, quando ainda está na *New Republic*, ele escreve um livro intitulado *Drift and Mastery* [Deriva e domínio], no qual sustenta que o clima de denúncia e reformismo provocou inadvertidamente uma crise na sociedade, na qual ninguém mais respeitava a autoridade. E passa a dizer que a tarefa que se impõe aos progressistas é a de aprender a exercer o domínio em um mundo caótico. Nessa altura, com essas palavras, o programa adotado por Lippmann começa a coincidir com o programa de grande parte do setor empresarial americano: como assegurar a ordem em uma sociedade potencialmente perigosa e caótica? Em 1922, ele lança um livro, *Public Opinion* [Opinião pública], que é, mesmo hoje, o livro pelo qual podemos entender as estratégias de poder no mundo contemporâneo.

Lippmann propõe uma estratégia para as relações públicas? Ele explicita o problema com que se debate o executivo moderno naquilo que ele chama de "grande sociedade" – a sociedade internacional em grande escala. Por "executivo" ele quer dizer um líder político ou empresarial. O problema com que este se defronta é que as pessoas acreditam que a sociedade deveria ser governada em função de sua vontade coletiva. No entanto, ressalta ele, o problema é que as pessoas são absolutamente incapazes de entender a sociedade em que vivem. Em seguida, ele traça o quadro de uma sociedade na qual as pessoas sempre são movidas por ilusões; a concepção que elas têm do mundo não se baseia no mundo real, mas depende do que ele chamava de "imagens mentais".

Então, o que Lippmann está propondo é o uso das relações públicas para manipular tais imagens? Para ele, apresentar a verdade para as pessoas só complica as coisas, pois aí elas vão querer discutir isso. E, quando as pessoas começam a discutir, você tem um problema. Não é que ele rejeitasse inteiramente a ideia de que as pessoas podiam ser racionais. Mas ele sentia que a racionalidade podia atrapalhar a liderança. Lippmann queria criar a ilusão da democracia, e não praticá-la.

Você diria que a criação de uma democracia ilusória é algo subjacente à prática das relações públicas? Sem a menor dúvida. O surgimento das relações públicas é algo incompreensível sem a ascensão da democracia. E, em certa medida, as relações públicas foram um dos principais mecanismos pelos quais as elites conseguiram manter sua posição em uma sociedade ostensivamente democrática.

A democracia dá origem a esse grupo de pessoas que, como você disse, acha que tem direitos, mas há uma elite empenhada em sustentar que tais direitos são limitados. Bem, não é que essas pessoas queiram necessariamente sustentar que os direitos são limitados, e sim que elas têm interesse em mantê-los restritos. Estrategicamente, o que a elite gostaria de fazer é preservar a ideia de que os direitos são ilimitados, mas ao mesmo tempo garantir que sejam restritos.

O que remete aos autores originais da Constituição norte-americana. Só vota quem possui terras. Para ter poder é preciso ter poder. Enquanto os líderes conseguem se safar concedendo o direito de voto apenas aos proprietários, não há necessidade de relações públicas.

Qual é a diferença essencial entre relações públicas e propaganda? Parte de mim gostaria de dizer que não há nenhuma diferença. Em termos históricos, as relações públicas foram muito mais bem-sucedidas. Afinal, um ministério da propaganda tende a ser muito mais óbvio. Em 1928, Edward Bernays escreveu um livro, intitulado *Propaganda*, todo ele voltado para a prática de relações públicas. E esse livro foi lido por Goebbels, o ministro da propaganda nazista. Portanto, eu diria que são atividades gêmeas – nascidas dos mesmos pais.

Assim, enquanto uma democracia recorre às relações públicas, uma sociedade autoritária recorre à propaganda? As relações públicas prosperam em uma sociedade na qual o domínio do Estado é execrado e, por isso, uma das crenças intrínsecas básicas é a de que o profissional de relações públicas deve ser completamente invisível.

Você mencionou Edward Bernays. Em seu livro, você o descreve como pioneiro das relações públicas e das ciências sociais. Dá para falar mais sobre ele? Bernays era sobrinho de Sigmund Freud e, nos Estados Unidos, foi ele quem aproveitou as concepções da psicologia social e as normatizou como práticas corporativas. Basicamente, ele tomou as ideias da psicologia da multidão e do indivíduo e as aplicou ao campo das relações públicas. Foi nessa altura que o paradigma jornalístico começou a ceder espaço ao paradigma do poder da sugestão.

E como se dá esse poder? A verdadeira inovação de Bernays foi ver que não se deve enviar *press releases*. Em vez disso, estudam-se as notícias que a imprensa tende a publicar, os tipos de assuntos que se destacam e que serão vistos como notícias. Em seguida, criam-se as circunstâncias calculadas para atrair a cobertura jornalística.

Dê um exemplo. A famosa campanha que Bernays fez para a American Tobacco Company. George Hill, o presidente da companhia, contratou Bernays e disse a ele que, embora muita gente fumasse, nem todas essas pessoas se arriscavam a fumar em público por causa de um preconceito social. Ele estava se referindo às mulheres. Bernays, em vez de lançar uma campanha aberta para vender Lucky Strike às mulheres, resolve então procurar uma organizadora de manifestações feministas em Nova York e diz a ela: "Sabe o que seria uma boa ideia para essa manifestação? Todas vocês podiam marchar fumando cigarros, que seriam como tochas da liberdade". Da nossa perspectiva atual, poderíamos dizer que ela deveria tê-lo posto para fora e dito: "Ninguém aqui quer ter câncer!".

Mas, naquela época, o ato de fumar era um símbolo da prerrogativa masculina nas ruas. Claro. Portanto, se uma mulher queria assumir tal prerrogativa social, o cigarro era um bom símbolo para ser usado. E assim elas fizeram a manifestação, que virou notícia na imprensa, e não só criou uma imagem visual de mulheres fumando em público como também estabeleceu uma espécie de associação intrínseca entre o cigarro e a emancipação feminina.

Há certo cinismo na manipulação de Bernays? Totalmente. Trata-se, no fundo, de ver a realidade como um cenário de teatro. Trata-se de criar um cenário mental que induza as pessoas a ver o mundo de certo modo, a aceitar certo tipo de coisa, a se comportar de certa maneira. É a mentalidade do controlador de marionetes.

O subtítulo de seu livro é *A Social History of Spin*. Esse é um conceito característico do final do século XX? O *spin* é a transformação do discurso público em manipulação pública. Atualmente, o *spin* e os meios de comunicação de massa viraram os principais instrumentos de afirmação do poder e da verdade. Portanto, é urgente que tais instrumentos, e que o pensamento crítico a respeito deles, sejam enfocados nas escolas. É assombroso que nos Estados Unidos, a sociedade mais impregnada de relações públicas no mundo, esse tipo de formação social e cultural seja praticamente inexistente. **Como as imagens são usadas nas relações públicas?** Em geral são usadas para criar impressões (e digo isso porque uma impressão é algo que nos afeta de modo bastante sutil) e fazer sugestões.

Então não estamos falando aqui do [mascote da empresa de alimentos Pillsbury] Pillsbury Doughboy ou do Ronald McDonald como instrumentos de relações públicas. O Pillsbury Doughboy é um exemplo de publicidade corporativa. Mas uma das práticas que se tornaram corriqueiras é as pessoas em posição de comando recorrerem a especialistas em mídia que basicamente dizem o seguinte: "É assim que você vai causar boa impressão na mídia; é isso o que se deve fazer ao se relacionar com a mídia". Ou seja, os indivíduos estão sendo incentivados a aprender como se comportarem. Essa proliferação de treinamentos para lidar com os meios de comunicação ou para falar em público não tem a ver com a palavra, mas sim com a imagem. ■ O uso de determinadas questões no campo do design ambiental está claramente associado à imagem. O modo como são projetados os produtos ou a sede da empresa também tem a ver com a imagem. Atualmente, a questão da imagem deixou de se restringir à mascote da empresa e passou a afetar todo o modo de apresentação corporativo ou político. **Todos nós já ouvimos a balela de que "qualquer publicidade é boa publicidade". Mas o que são relações públicas ruins?** Uma propaganda ineficaz é aquela pela qual as pessoas têm desprezo. Claro que também há a questão moral da publicidade. Em nosso século, são muitos os exemplos de publicidade boa e ruim. O filme *Triunfo da vontade*, feito pela cineasta Leni Riefenstahl em louvor dos nazistas, foi publicidade ruim. A estetização e a erotização do extermínio em massa é publicidade ruim. Eu acrescentaria que, de outro lado, a estetização da dignidade humana – e a ideia, por exemplo, de que os Estados Unidos são formados por todos os seus cidadãos (estou me referindo às imagens produzidas pelo governo na época do New Deal) – me parece uma publicidade boa, pois ajudou a reconfigurar a ideia que os americanos faziam de seu país, do que significava ser americano, e também abriu portas para muita gente, portas que hoje estão sendo fechadas de novo.

Como podemos nos imunizar contra os efeitos deletérios das relações públicas? Não podemos. Mesmo se adotarmos uma atitude cínica em relação a isso, o resultado é que acabamos nos tornando cada vez mais amargurados e infelizes. Na medida em que as relações públicas são um fato social e parte da trama cultural do nosso mundo, acredito que, se estivermos efetivamente interessados em nos protegermos, precisamos nos concentrar nas reações sociais e culturais a esse fenômeno. Há diversas coisas que poderiam ser feitas. Uma que me parece essencial é incluir a educação sobre o ambiente das mídias no currículo escolar. Continuar presos às concepções do século XIX sobre os fundamentos da educação, com ênfase na leitura, escrita e aritmética, é um equívoco em relação ao século XIX, e certamente não conduz a uma formação adequada das pessoas no século XX.

Como os designers foram usados, de bom grado ou não, como instrumentos de rela-

ções públicas? Não há dúvida de que muita gente participa inadvertidamente do mundo das relações públicas, e isso tem a ver com a estrutura das empresas, nas quais as discussões sobre os objetivos finais ocorrem em contextos diferentes daqueles em que os produtos estão sendo feitos. No momento em que, por exemplo, uma produtora de vídeo recebe uma orientação do tipo "É isto o que o McDonald's quer desse comercial", há pressupostos e objetivos que foram discutidos em outra sala, mas que nem sempre são evidentes nas instruções, como "Isto é o que vocês devem fazer". Acho que isso vale também para os designers.

RALPH GINZBURG publicou, durante as décadas de 1960 e 1970, livros e revistas de conteúdo provocador, muitas vezes considerado obsceno. Foi o caso da revista *Eros: A Quarterly on the Joys of Love and Sex*, pela qual Ginzburg foi condenado a cinco anos de prisão. Em função de protestos generalizados, ele acabou sendo libertado depois de oito meses e relatou essa experiência no livro *Castrated: My Eight Months in Prison* [1973]. Seu grande parceiro nas iniciativas editoriais foi Herb Lubalin, que transformou essas publicações em ícones do design. Ralph Ginzburg faleceu em 2006, aos 76 anos.

Você iniciou sua carreira, na década de 1950, como um dos editores da revista *Esquire* (a mesma incubadora de Hugh Hefner, criador da *Playboy*). Por que resolveu fazer a sua própria revista? E por que lançou uma revista sobre um tema tabu como o sexo? Senti que havia muita demanda por uma revista bem escrita e bem diagramada sobre amor e sexo que refletisse uma maturidade psicológica. O governo acabou proibindo a

Eros, claro. Acho que uma revista como a *Eros* faria sentido mesmo hoje.

***Eros* era uma revista com um design maravilhoso, repleta de tipografia requintada – por sinal, a mais avançada da época –, de ilustrações inteligentes e de fotos impressionantes. Quem foi o responsável por isso, você ou o seu diretor de arte, Herb Lubalin? E, ainda, que papel o design desempenhava na revista?** Eu fui o responsável pela decisão de fazer uma revista bem projetada e de produção cara – é preciso lembrar que se tratava de uma revista-livro com capa dura, e não de uma publicação com formato normal de capa mole. Era uma manobra de marketing para justificar um preço de capa bem alto. Mas, fora isso, todas as iniciativas e detalhes relacionados com o design eram de Herb. O crédito pelo excelente design da *Eros* é todo dele. Sem o seu virtuosismo, a *Eros* não teria tido o sucesso que alcançou entre os entendidos. Embora poucos saibam disso, a revista estava na verdade no vermelho devido ao enorme custo de produção e provavelmente teria de ser fechada se não tivesse sido alvo do governo.

Como era definido o conteúdo da revista? Como era editor-chefe, eu mesmo decidia o conteúdo editorial da *Eros*. Seguia minhas próprias predileções, intuições e interesses. Sei que isso é de um egocentrismo vergonhoso, mas sempre desfrutei de uma vida sexual muito animada e, graças a quatro anos de psicanálise, tenho uma percepção aguçada das forças que governam o comportamento humano. Por isso, tinha total confiança em minhas decisões editoriais. E Herb e eu estávamos em perfeita sincronia nessa área. Ele jamais rejeitou ou se queixou de qualquer artigo ou ilustração que propus e, pode acreditar, ele não deixaria de manifestar alguma objeção. Ainda posso ouvi-lo berrando "Isto é uma porcaria!" ao receber projetos de que não gostava – não de mim, claro, mas de outros clientes. Também preciso dar o devido crédito a dois outros indivíduos que contribuíram para o conteúdo editorial: Warren Boroson, um escritor brilhante, cheio de ideias e pau para toda obra no setor editorial; e a minha mulher, Shoshana, cujos títulos espirituosos eram a cereja dos nossos bolos editoriais mais bem-sucedidos. Ela também foi a responsável pelo título da nossa revista seguinte, *Avant Garde*, e, acredite se quiser, foi ela quem indicou a Herb o partido geral que ele deveria adotar ao desenhar o Avant Garde Gothic, que iria se tornar um dos novos tipos mais vendidos do século XX.

Como foi que, entre a primeira e a quarta edição de *Eros*, o governo decidiu intervir? E por que a revista foi considerada ilícita? O governo só interveio depois de lançado o quarto e último número (uma quinta edição estava pronta, mas foi confiscada na gráfica na época do meu indiciamento; e é provável que ela teria sido a melhor edição da revista). Quanto ao motivo de ela ter sido considerada "ilícita", como você colocou, ou "obscenidade", como disseram os advogados do governo, isso ainda é um mistério para mim. É preciso lembrar que o crime de "pornografia" ou "obscenidade" é um crime sem definição ou vítima. É muito parecido com o crime de "bruxaria" séculos atrás. É uma nuvem de fumaça para ocultar a aversão por certos aspectos das imagens ou dos comportamentos sexuais. Alguém já disse [D. H. Lawrence] que a obscenidade para uma pessoa não passa do riso do gênio para outra. Em termos de documentação, o que mais se aproxima de uma resposta a essa pergunta é um livro escrito, se me lembro bem, por um juiz da Suprema Corte ou um funcionário do Departamento de Justiça ou talvez um procurador-geral, cujo nome era algo como Nicholas de Katenzenbach [Nicholas de Belleville Katzenbach], no qual (em cerca de duas páginas) ele descreve a reunião em que foi decidido o meu indiciamento. Segundo esse relato, o presidente Kennedy (que tinha sido o antecessor de Katzenbach na procuradoria-geral) temia que uma matéria da *Eros*, na qual havia uma dupla de dançarinos nus (sem que os genitais aparecessem), um homem negro e uma mulher branca, prejudicasse as iniciativas de integração racial promovidas por seu governo. Isso sempre me pareceu muito esquisito, mas estou reproduzindo aquilo que lembro de ter lido nesse livro. Minha opinião é que Kennedy (agora, ironicamente, sabemos que era um libertino desenfreado – e não digo isso com o objetivo de criticá-lo em termos morais, mas para ressaltar a sua hipocrisia religiosa e jurídica) agiu instigado por um padre de Nova York, líder de um grupo católico local antipornografia, e de um fulano de Cincinnati que dirigia uma organização nacional antipornografia, também católica, denominada Citizens for Decency in Literature, se não me engano.

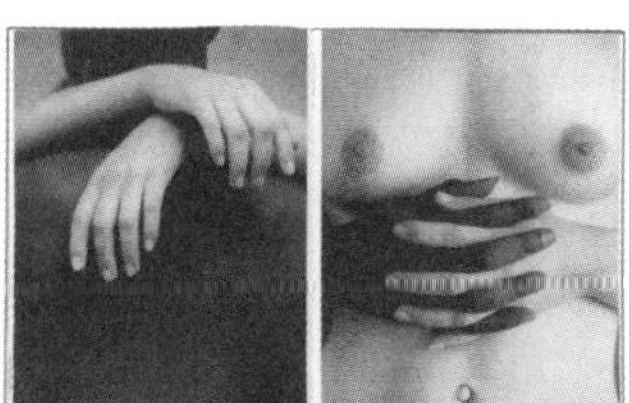

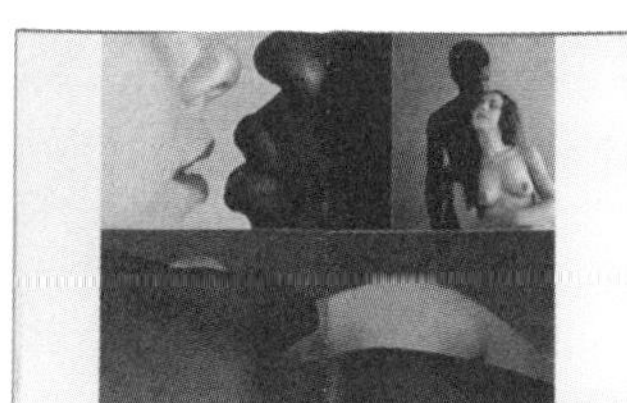

Acho que o nome era Keating [Charles H. Keating Jr.] e mais tarde ele foi condenado por ocasião do escândalo das caixas de poupança e empréstimo. Depois do meu indiciamento, esses dois cavalheiros se vangloriaram publicamente de ter convencido Bobby Kennedy a cair em cima de mim. Se quiser mais detalhes, leia o meu

livro *Castrated: My Eight Months in Prison* (magnificamente diagramado por Lubalin), que teve uma versão resumida publicada na *New York Times Magazine*, acho que em 1973.

Lembro bem desse portfólio "inter-racial", que anunciava uma grande mudança de atitudes. Antes, uma coisa assim era chamada de "miscigenação" (uma palavra com conotação de tabu biológico/jurídico). Ao publicar as fotos – na verdade, ao publicar artigos sobre prostituição, afrodisíacos e coisas assim –, você tinha consciência de estar provocando gente que podia prejudicá-lo? Você tinha ideia de que poderia ir literalmente para a cadeia pelo que estava fazendo? De maneira nenhuma. Achava que podia contar com meus direitos, garantidos pela Constituição, de liberdade de expressão.

Hoje é difícil imaginar que uma revista com um erotismo tão requintado fosse uma ameaça à sociedade. Na verdade, a revista abriu caminho para a então inimaginável permissividade da mídia atual. O que aconteceu com você como resultado desse esforço pioneiro? Minha carreira como editor estava evidentemente arruinada. Não é fácil imaginar isso hoje, sobretudo para alguém como você no campo da arte, mas virei um pária social em consequência da condenação e prisão – um criminoso confirmado pela Suprema Corte, inclusive – e eram raras as empresas estabelecidas dispostas a trabalhar comigo. Com isso, as minhas perspectivas como editor eram muito limitadas quando saí da prisão. Sempre achei que poderia ter desempenhado um papel de destaque nos meios editoriais americanos se não fosse por essa condenação. Em vez disso, acabei virando apenas uma nota de rodapé curiosa.

***Fact* foi pioneira em termos de conteúdo e design. Era uma revista que frequentemente se dedicava a um único tema de relevância social. Lembro daquela capa infame de 1964, acusando o então candidato republicano Goldwater de ser psicologicamente inapto para ser presidente (e você acabou sendo processado por difamação) depois que ele defendeu o uso de armas nucleares no Vietnã. Qual era a lógica dessa revista?** Bem, o próprio governo ficou tão estupefato quando a Suprema Corte confirmou a minha condenação que *dez anos* se passaram entre o indiciamento e o momento em que o Departamento de Justiça teve coragem de me enviar à prisão. A estratégia era deixar passar todo o tempo necessário para que o público se esquecesse do caso, e foi o que aconteceu. Durante esse período, publiquei uma revista intitulada *Fact* (outro projeto por excelência de Lubalin) e, depois, a *Avant Garde*. *Fact* foi pioneira ao investir contra os males do fumo e também foi a *primeira* a denunciar Detroit pela insegurança dos carros. Ralphie Nader, então estudante em Harvard, foi uma descoberta da revista. Milhares de ameri-

canos continuam vivos todos os anos por causa do artigo pioneiro da *Fact*, "American Cars Are Death Traps" [Os carros americanos são armadilhas letais]. Embora a *Fact* batesse pesado, não era polêmica a ponto de levar o governo a fechá-la. Não era preponderamente visual, como a *Eros*; parece que as imagens controversas, e não as palavras, despertam mais a ira dos censores. ■ Em termos editoriais, o objetivo da *Fact* está explicitado em seu subtítulo: *An Antidote to the Timidity and Corruption of the American Press* [Um antídoto para a timidez e a corrupção da imprensa americana]. No jornalismo atual, quando quase todos na área se consideram heróis e repórteres investigativos, é difícil imaginar isso, mas naquela época os meios de comunicação eram em geral porta-vozes das grandes corporações e do governo. Portanto, havia necessidade de uma revista como a *Fact*. O resultado do caso Goldwater foi outro desastre para a liberdade de imprensa e de expressão – e uma catástrofe para a minha pequena empresa. Não quero aborrecer os leitores com os detalhes de mais um equívoco judicial e, por isso, não vou me estender sobre essa questão. **As capas da *Fact* eram ostensivamente tipográficas, mais parecidas com uma propaganda do que com uma capa tradicional de revista. Como você caracterizaria o projeto gráfico de Lubalin para a revista?** Você tem razão. Parte da tiragem da revista era distribuída em bancas. Achamos que seria melhor tentar nos destacarmos em meio aos concorrentes por meio de capas bem chamativas. **A *Avant Garde* foi outra revista que rompeu com as regras. Publicada no final da década de 1960, ocupava uma posição intermediária entre uma publicação da Nova Esquerda, como**

a *Evergreen*, e um jornal de contracultura. Com Herb Lubalin como diretor de arte, era uma revista muito bonita e, sem dúvida, lançou tendências nas áreas de tipografia e imagem. O que o levou a lançar essa revista? Herb e eu queríamos muito voltar a fazer uma revista predominantemente gráfica, e então, com permissão dos meus advogados (é preciso lembrar que, durante todo esse tempo, pairava sobre mim a iminente ordem de prisão), lançamos a *Avant Garde*, que tendia mais para o lado visual. A propósito, essa é a de que mais gosto dentre a meia dúzia de revistas que fiz.

Como foi recebida e por que ela acabou? A revista foi um sucesso imediato entre os intelectuais – escritores, gente que trabalhava com as artes, acadêmicos etc. Ela chegou ao fim quando, como disse antes, acabei, depois de tanto tempo, tendo de cumprir a pena pelo caso da *Eros*. Quando fui posto em liberdade, tentei reviver a *Avant Garde*, mas não havia mais condições e a tentativa foi um fracasso. E um fracasso bem caro, poderia acrescentar, pois fiquei à beira da falência. Felizmente consegui reverter a catástrofe financeira graças ao êxito de outra publicação, a *Moneysworth*, voltada para os consumidores e com uma circulação de 2,4 milhões de exemplares.

Você foi pioneiro na adoção de métodos pouco ortodoxos para divulgar as revistas. Anúncios de página inteira em jornais e revistas anunciavam os seus produtos (às vezes com fotos suas como vendedor). E por vezes, se não me engano, você nem mesmo tinha o produto quando

começava a vendê-lo. De onde veio essa ideia? E foi bem--sucedida? Deu muito certo. A ideia surgiu de uma grande tradição que remonta à independência dos Estados Unidos (e provavelmente, antes disso, tinha raízes na Europa). A palavra "assinante", como no caso de um assinante de revista, vem do latim, de "assinar embaixo". Os potenciais assinantes que partilhavam as concepções de um determinado editor comprometiam-se a financiar o custo de lançamento da publicação, antes mesmo que esta existisse, por meio de assinaturas. Assim, conseguimos captar assinaturas e receber pagamentos pelas novas publicações antes mesmo que tivessem sido lançadas. ■ É por isso que, com capital de apenas quatrocentos dólares, consegui me tornar editor. Ironicamente, foi a *Fact*, talvez mais do que qualquer outra revista da época, que promoveu o movimento de proteção aos consumidores. E esse mesmo movimento acabou conseguindo a aprovação de leis que proibiram a solicitação de pagamento por produtos ainda inexistentes. É por isso que atualmente os anúncios de novas revistas dizem "Não mande dinheiro! Cobraremos depois!". Pois é ilegal receber dinheiro por uma revista que ainda não foi lançada. Infelizmente, isso impossibilitou o lançamento de revistas baseadas em conteúdo editorial; hoje, as novas revistas são viabilizadas sobretudo levando em conta o potencial de publicidade, e não por sua mensagem editorial. Incontáveis publicações relevantes no século XIX e começo do XX não teriam existido se não fosse por esse mecanismo tão interessante. E seu desaparecimento – assim como a consequente perda de oportunidade de expressão dos não conformistas – jamais foi relatado por ninguém. Eu sou o único.

Por que a *Fact* acabou? Por causa do processo de difamação aberto por Barry

Goldwater, do qual já falamos. **Depois que deixou de editar revistas, você se concentrou na fotografia, trabalhando como autônomo para agências de notícias e jornais de Nova York e, em seguida, como contratado do *New York Post*. Como se deu essa mudança?** Em meados da década de 1980, Herb havia morrido e muitos dos meus principais colaboradores originais tinham arrumado empregos melhores. Senti que as minhas publicações haviam degenerado em meras máquinas de fazer dinheiro. Eu mesmo tinha acumulado mais dinheiro do que poderia gastar com prazer até o fim da vida, e por isso decidi fechar a empresa. Avisei aos colaboradores que a empresa fecharia dali a dois anos, deixei de aceitar novos assinantes e fui metodicamente desativando as operações. De certo modo, estava cansado de lutar e decidi tentar me divertir um pouco. A fotografia sempre me havia fascinado e assim, estudando e praticando por conta própria, adquiri uma capacitação de nível profissional. **A fotografia tornou-se a sua paixão e a sua vocação? O que você está fazendo atualmente?** Tornou-se uma paixão, sou obcecado por isso, e vem sendo assim há mais de uma década. Continuo a trabalhar como autônomo para publicações de notícias nos Estados Unidos e na Europa. Meu trabalho também aparece em revistas, desde a *Life*, passando pela *Natural History*, até a *National Enquirer*. Além de temas gerais, também faço fotos de esportes. A UPI [United Press International] acabou de me chamar para fotografar os Jogos da Amizade que vão ocorrer aqui em Nova York durante duas semanas no verão. Também sou uma espécie de retratista de pássaros; minhas fotos já foram publicadas nos calendários da Audubon e em outros lugares. E o maior acontecimento da minha carreira como fotógrafo vai ser a publicação, na primavera de 1999, de um livro com 510 das minhas fotos jornalísticas, apresentadas por Harry N. Abrams, que tem uma editora de livros de arte. Não gostaria de revelar os detalhes do livro por enquanto, mas vai ter uma abordagem inédita. O prefácio foi escrito por George Plimpton [*I Shot New York – Photographs by Ralph Ginzburg*].

TIBOR KALMAN nasceu em Budapeste e foi criado em um subúrbio de Nova York. Formou-se pela Universidade de Nova York e pelas ruas da cidade. Em 1968, começou a trabalhar em uma empresa que mais tarde se tornaria a Barnes & Noble. Em 1979, fundou a M&Co. Foi diretor de arte da revista *Artforum*, diretor criativo da *Interview* e fundador e editor-chefe da *Colors*, sendo o responsável por suas treze primeiras edições. Em 1983, ele desativou a M&Co. e mudou-se com a família para Roma. Em 1995, deixou a *Colors* e reativou a M&Co. a fim de trabalhar sobretudo com projetos não comerciais. Faleceu precocemente aos cinquenta anos, em 1999, ano em que foi homenageado com a medalha de ouro do AIGA. Em 2000, Michael Bierut publicou uma vasta monografia sobre seu trabalho: *Tibor Kalman, Perverse Optimist*.

Durante mais de uma década, primeiro como responsável pela M&Co., e depois como editor da *Colors*, você se atribuiu a missão de mudar o modo como o pessoal do design encara o mundo. Como surgiu esse ímpeto missionário? A M&Co. foi criada em 1979 como mais um escritório de design. Para mim, o que importava era sair da grande empresa em que estava, a Barnes &

Noble, e começar um negócio próprio, voltado para a única coisa que eu sabia fazer. Nosso primeiro projeto foi a sinalização das lojas de departamentos E. J. Korvette, uma cadeia de lojas de desconto em Nova York. Nos cinco primeiros anos produzimos uma enorme quantidade de lixo. Aí, em meados da década de 1980, começamos a adotar uma espécie de ideia à la Robin Hood, pela qual fazíamos trabalhos pouco interessantes para grandes empresas e outros muito interessantes para bandas de rock e instituições culturais. Em 1986, passamos a mostrar o nosso trabalho com os músicos para os clientes corporativos, pois nessa época (e foi de um dia para o outro!) esses clientes começaram a se tornar mais jovens e descolados.

O que o levou a mudar de foco? Isso ocorreu porque vislumbrei que o outro caminho não seria suficiente para manter o meu interesse no design. A missão surgiu quando comecei a me perguntar "O que é produzido pelos designers faz do mundo um lugar mais agradável, mais interessante ou melhor?".

E qual foi a conclusão? Eu estava insatisfeito com a noção de conferir uma aparência "boa" ou "atraente" às coisas. Foi então que comecei a me interessar pelo vernacular.

Como você distingue entre o que chama de "lixo" e esse vernacular? Vernacular é o resultado de muito tempo, instrumentos precários e pouco dinheiro. Em Nova York, pode ser a placa de uma bodega no Spanish Harlem ou os elementos gráficos na lateral de um caminhão de entrega de gelo. Esses trabalhos resultam de uma tremenda quantidade de atenção, e há uma genuína preocupação com a beleza e coisas desse tipo. Porém, como há pouca habilidade para a execução, acabam com uma aparência tosca – mas são muito belos, na minha opinião. Lixo são os trabalhos gráficos ruins e estúpidos mas de aparência profissional: os folhetos de propaganda, a sinalização da Korvette e os relatórios do Citibank que projetamos.

A estética era a única ovelha negra? Não. Gosto de coisas belas, portanto não se tratava apenas de uma questão estética. O que começou a me incomodar muito, depois que alcançamos um patamar de qualidade na produção do lixo, era o quanto esperavam que mentíssemos e déssemos uma aparência aceitável a comportamentos empresariais deploráveis.

Como o quê, por exemplo? Nós fizemos os relatórios anuais da Limited por alguns anos. E toda vez nos pediam que fizéssemos um relatório muito vistoso que dava a impressão de que a companhia, que andava mal das pernas, estava indo muito bem.

Vocês tinham de apresentar a coisa de maneira tendenciosa. E não é isso o que acontece com quase todo o design? Ou seja, fazer com que algo pareça diferente do que é na realidade? Foi então a essa altura que passei a me preocupar com o que nós, designers, que dispomos de instrumentos muito eficazes e poderosos, estamos fazendo no mundo, que papel estamos desempenhando – dando uma aparência "limpa" a companhias petroleiras sujas, fazendo um folheto com mais qualidade do que o carro que está sendo anunciado, fazendo com que o molho do espaguete pareça ter sido feito por nossa avó e com que um apartamento de péssima qualidade dê a impressão de ser o cúmulo da sofisticação. Tudo bem fazer isso? Ou não passa do baixo nível a que chegou o design, assim como muitas outras profissões? Foi nessa época que aconteceu a conferência do AIGA em San Antonio, a "Dangerous Ideas" [Ideias perigosas]. Milton Glaser e eu éramos os presidentes e decidimos levantar questões éticas e morais (tenho certeza de que não foi a primeira vez) em uma reunião nacional de designers.

Antes disso, na segunda conferência do AIGA, em 1988, você lançou uma ofensiva contra a empresa de moda Esprit, que naquele ano ganhou o prêmio corporativo do AIGA. Isso foi o auge de sua frustração com, digamos, as empresas com que estava lidando, como a Limited e outras? O mais chocante foi o AIGA premiar uma empresa como a Esprit meramente por ela ter feito uma campanha de relações públicas razoavelmente sofisticada, apenas porque contrataram designers prestigiados. Não me parecia que esse era o papel do design no mundo. Queria deixar claro que havia gente atenta para o outro lado da moeda e a contradição na posição assumida por eles.

Você organizou uma campanha de panfletagem anônima, questionando as práticas trabalhistas lamentáveis da Esprit. Foi uma acusação forte, mas você não admitiu que estava por trás dela. Na verdade, até mesmo negou qualquer envolvimento. É verdade, eu não estava pronto para me expor. Não tinha certeza nem da minha força nem da minha justificativa.

E quando a sua força aumentou o suficiente? Bem, alguns anos depois eu estava trabalhando para a Benetton, que era a mesma coisa que a Esprit (ironicamente, Oliviero Toscani era o mandachuva criativo em ambas as empresas); embora o meu projeto para a Benetton, a revista *Colors*, fosse totalmente independente em termos editoriais, reconheço que não dá para

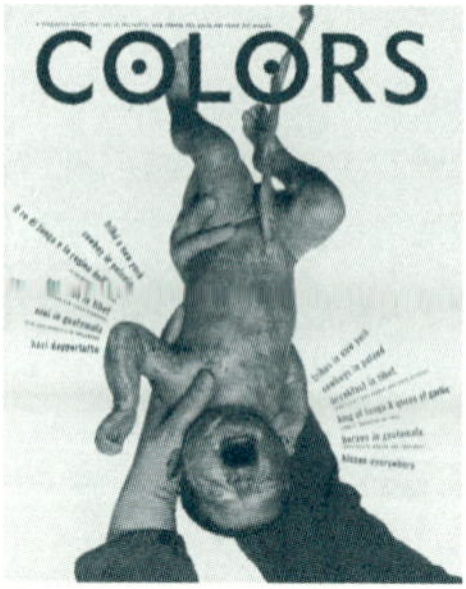

ser designer e nada ter a ver com empresas. É quase impossível. **Você acha que conseguiu de fato tornar públicas tais contradições?** Não. Fui péssimo nesse sentido. Conseguia fazer com que as pessoas rissem, mas não conseguia resolver as contradições nem apresentar a questão de modo convincente. Acho que a longa série de críticas que fiz à comunidade foi proveitosa. Mas não sinto que alguma coisa tenha sido resolvida. **Um marco do seu empenho para livrar o design da hipocrisia foi o chamado debate Kalman/Duffy, no qual criticou duramente a posição pública de Duffy quanto à função do design para as empresas. Em retrospecto, aquele foi um fórum útil para tornar os designers mais conscientes de suas ações?** Isso ocorreu numa época em que o estúdio de Joe Duffy era propriedade do poderoso designer e empresário inglês Michael Peters, que pretendia transformar a empresa em uma Gap do design corporativo. Eles estavam fazendo anúncios de página inteira no *Wall Street Journal*, dizendo às empresas que conseguiam transformar merda em ouro. Na minha leitura, esses anúncios diziam: "O modo como vamos transformar merda em ouro é colocando a merda em embalagens douradas, e assim vamos vender a mesma merda de sempre, mas fazendo com que pareça fabulosa, valiosa e reluzente", e isso é o que Duffy sempre fez muito bem. Para ser justo, ele também conseguia fazer que as coisas boas ficassem ainda melhores. Então, na conferência do AIGA, o que houve foi uma discussão muito insatisfatória, pois não fui capaz de distinguir com muita clareza o que ele e eu fazíamos. E havia dois tipos de pessoas na plateia: aquelas absolutamente convictas da minha posição e aquelas para quem era escandaloso que eu, um membro da comunidade, colocasse em questão o que se fazia. Acho que o mais sensato foi Michael Bierut, ao dizer que não havia diferença entre o que fazíamos, além do fato de eu me sentir mal com isso. Pensando agora, acho que eu estava tentando mudar meu papel no sistema e chamar a atenção de meus colegas para a contradição.

E qual foi a reação? Negativa, de maneira geral. Os designers têm orgulho do que fazem. Ninguém gosta de ser chamado de pouco ético. No entanto, para mim, a maioria dos projetos de design tinha a ver com a distorção da verdade, o seu embelezamento ou a ocultação dos aspectos negativos do produto. Nesse debate ao vivo, ondas de perguntas diziam: "Aonde quero chegar criticando Duffy?". (Eu o usei apenas como exemplo; meu alvo na verdade era a profissão, portanto isso não foi nenhuma surpresa.) A questão era que havia alguém por aí gritando no meio da escuridão, dizendo que talvez não seja certo o que fazemos, não o que fulano ou sicrano faz, não o que Duffy faz, mas o que *todos nós* fazemos. Ninguém antes havia levantado essa questão? Por que não havia uma postura crítica em relação à nossa atividade? Tenho certeza de que havia, mas todo mundo parecia estar ouvindo aquilo pela primeira vez naquele medonho salão de festas de uma cidade cenográfica do Texas.

Independentemente do êxito ou fracasso que você sentiu, a conferência do AIGA assinalou o momento em que a profissão do design começou a refletir sobre si mesma. Como se avança a partir daí? No seu caso, o que mudou em sua

atitude? Eu me dei conta de que não poderia mais trabalhar com identidade corporativa. E, no final da década de 1980, grande parte do trabalho da M&Co., se não todo, estava fora dessa área. Começamos a achar outras maneiras de nos ocuparmos e de sobreviver fora do campo dos livretos institucionais, relatórios anuais e identidade corporativa. Passamos a fazer aberturas de filmes, vídeos, produtos nossos.

E quanto à sua orientação filosófica? Comecei a pensar se não seria possível usar minha habilidade como designer para promover boas ideias, em vez de lucros de empresas. Foi então que passei a fazer mais palestras e tentei concentrar a empresa mais no conteúdo do que na forma.

Por volta de 1990, nesse seu empenho missionário, você fez uma apresentação satírica, que teve muita repercussão, para os designers da Landor Associates, em São Francisco, a principal empresa de design de identidade do país – no próprio quartel-general do inimigo, por assim dizer. Você diria que isso teve alguma consequência positiva ou se resumiu a algo divertido para eles? O que tentei fazer foi desmontar e expor o cinismo da identidade corporativa para o pessoal graduado da Landor. Eu me comportei como uma espécie de palhaço, e provavelmente eles ficaram com os egos inchados, pensando "Ó, aí está esse cara louco e revolucionário, e o fato de o trazermos para falar com nosso pessoal não é uma prova de que somos de fato liberais?" – provavelmente era isso também o que pensava Luciano Benetton. Meu objetivo era jogar areia nas engrenagens e convencer alguns dos designers mais jovens que ainda não haviam decidido que a Landor seria o farol pelo qual conduziriam suas vidas.

E o resultado? Na época, eu estava começando a formular ideias sobre a possibilidade de usar minha habilidade para fazer com que as empresas se empenhassem em um processo de autocrítica. Esse foi um dos meus objetivos na Landor, e acho que, em certa medida, algumas das discussões lá fizeram diferença. Mas não sei se teve um impacto duradouro.

Por que você resolveu fechar a M&Co. depois de quase quinze anos? Simplesmente porque me envolvi com um projeto que era melhor do que tudo o que havia feito na M&Co. Na revista *Colors*, eu tinha o controle do conteúdo. Eu era o editor-chefe. Desfrutava de liberdade total. E até o orçamento era decente. Comecei a trabalhar na *Colors* em 1991 em Nova York e lá fiquei durante dois anos e cinco edições. Na época havia de doze a quinze pessoas na revista, e também de doze a quinze na M&Co., e tive de ficar pulando de um lado para o outro como um maníaco. Tinha dois trabalhos superexigentes, do tipo tentando-reinventar-a-roda, e em tempo integral! Mas estava me divertindo mais na *Colors*, que era muito mais interessante do que relógios de pulso e capas de discos. Achei que ela seria muito mais útil para o mundo do que toda a produção da M&Co. naquela época.

Como foi possível conciliar a Benetton – uma empresa de roupas, como a Esprit –, a *Colors*, a diversão e a utilidade para o mundo? Não há como montar uma grande empresa e obter lucros neste mundo sem explorar as pessoas. Eu sabia que a Benetton era uma grande empresa, e todos os meus clientes anteriores também sempre haviam sido grandes empresas. Há uma ou outra instituição para quem trabalhei, como um museu agora, que não é nem faz parte dessa escória, mas mesmo assim os seus recursos vêm da mesma escória. É assim que as coisas são, ou você se isola numa torre, busca refúgio na universidade, se mata ou descobre uma maneira de nadar entre os tubarões. **Na época, Oliviero Toscani, o diretor criativo da Benetton, estava fazendo os polêmicos anúncios "de orientação social" que, em última análise, serviam para vender roupas da Benetton. Como você se sentia em relação a isso?** Na época em que me envolvi com isso, Toscani estava fazendo aqueles anúncios antirracistas simpáticos e incontestáveis, nos quais uma criança branca e outra negra brincavam juntas, ou uma mão branca e outra negra estavam presas nas mesmas algemas. Na verdade, gostava muito de Toscani pessoalmente e não tinha dúvidas de que ele estava de fato preocupado com tais questões, e também acho que conseguiu se comunicar de um modo facilmente compreensível em todo o mundo. Essa é a beleza do que ele fez. **Então o relacionamento era confortável?** Não tive muitos problemas na época para conciliar as coisas. Bem lá no fundo sabia que a Benetton provavelmente não era a empresa mais simpática do mundo, mas concluí que a liberdade de que eu desfrutava na revista compensava o fato de ser remunerado com um dinheiro ligeiramente sujo. Vale lembrar que a maioria dos balés nos Estados Unidos é financiada pela Philip Morris. Isso significa que os dançarinos não deveriam mais dançar? **Você quer dizer que não é purista?** Não sou suficientemente rico para ser independente. Mas não posso me dar ao luxo de ser intransigente. E não acho que esse seja o caminho mais eficaz. Aproveitei que a Benetton estava disposta e tinha recursos para me financiar, para lançar uma grande revista internacional cuja mensagem era aceitável para mim, sobretudo pelo fato de eu ter desempenhado papel importante na definição dessa mensagem. Para mim, a questão era que a Benetton podia usar a *Colors* como uma medalha – e era compreensível que eles (às vezes) conseguissem uma boa publicidade por causa da revista –, mas só na medida em que não tentassem interferir no conteúdo. Acho que eu tinha mais liberdade do que 95% dos editores de revistas. E não era uma revista para todos, mas uma revista que, na minha opinião, podia dialogar com os jovens de todo o mundo. Eu achava que as preocupações e os interesses do público – que podia viver tanto em Manila como na Filadélfia – refletiam um conjunto de referências similares, devido à aldeia global, à MTV, à Coca-Cola e à Pepsi, à Adidas e à Nike, à tecnologia e ao encolhimento do planeta, e por isso podíamos tratar de questões relevantes para todos.

Você fez algumas edições muito impactantes. Uma das mais fortes foi sobre o racismo [n. 4, 1993], e, para mim, ela é até hoje um exemplo do ativismo editorial dessa década. Queria mencionar que também fizemos edições sobre esportes e viagens. Pois o que me interessava era tratar das questões sérias, como o racismo e a aids, com humor e sensualidade e, por outro lado, tratar de esportes e viagens como temas de relevância social e política.

Agora que está de volta aos Estados Unidos, como pretende retomar a

carreira? A única coisa que não me interessa é retomar as coisas no ponto em que as deixei. Não quero que a M&Co. volte a trabalhar "comercialmente" – ou seja, não quero que venda coisas. O que gostaria mesmo de fazer é encontrar – ou melhor, inventar – uma revista que eu pudesse editar. Em minha trajetória, houve alguns projetos dos quais, se fosse possível, continuaria a participar pelo resto da vida. Um deles foi a revista *Colors*. Outro foi o vídeo com os Talking Heads.

Esse vídeo, que introduziu tipografia em movimento como elemento visual na tela, foi uma obra maravilhosa em termos formais, mas como você poderia avançar por esse caminho no século XXI? Estou convencido de que há um vínculo ao mesmo tempo muito e pouco explorado entre a imagem e a tipografia, sobretudo quando a imagem e a tipografia estão em movimento. Embora exista atualmente uma enorme quantidade de tipografia na televisão e nos comerciais, pois é um modo muito eficaz de transmitir duas mensagens no mesmo espaço-tempo, eu sinceramente acho que nesse campo ainda estamos engatinhando. O que fizemos no vídeo dos Talking Heads ["(Nothing but) Flowers"] em 1989 estava à frente da época. Era uma maneira de criar uma narrativa com o design, usando palavras como imagens e, talvez, imagens como palavras. Esse também era o relacionamento na *Colors*. Sou fascinado pela possibilidade de contar histórias por meio de imagens, em vez de palavras. E atualmente grande parte do meu trabalho tem a ver com a maneira como as imagens podem ser arranjadas

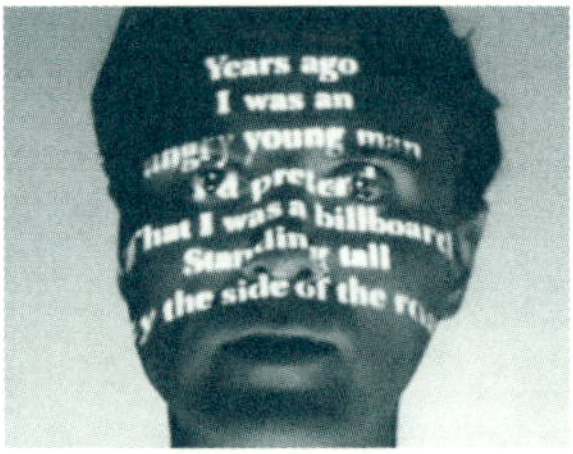

de modo a comunicar algo. **Desde o seu retorno aos Estados Unidos, você está contente ou decepcionado com os rumos tomados pela comunidade do design?** Estou decepcionado. Duas coisas me incomodam: uma delas é o espaço conquistado pela tecnologia. A evolução da tecnologia foi tremenda. Não tenho nenhuma facilidade para lidar com computadores. E, mesmo correndo o risco de ser visto como um velho antiquado, desconfio do modo como os computadores podem afetar as ideias. No entanto, tendo em vista o impacto dos computadores no design e na fotografia e o impacto da internet, acho que houve uma profunda transformação, uma mudança de direção da massa crítica. **Para melhor ou para pior?** Acho que em ambos os sentidos. Agora se tornou muito mais fácil para os designers assumir maior responsabilidade pelo que passa por seus estúdios. E essa é uma oportunidade que vem sendo desperdiçada. **Em que sentido?** É um desperdício devido à confusão. É um desperdício por ser um comercialismo vagabundo, em vez de um comercialismo minimamente requintado. A oportunidade é desperdiçada em sites corporativos despropositados. Acho que um site como o da Levi's, considerado por todos o máximo, é inútil, pois não descobriram o que ele deveria fazer. Se tivessem alguma ideia, seria revolucionário, mas acho que os designers fracassaram. Mais uma vez, eles estão fracassando porque não levam em conta que o conteúdo engendra a forma, e não vice-versa – não há como escapar disso. Porém, mesmo que algo seja inútil, isso não significa que não vá vender. Basta ver as prateleiras do Kmart ou assistir a um canal de vendas na televisão.

Hoje "legal" tomou o lugar de "significativo"? Na minha opinião, o que a palavra "legal" substituiu foi o termo "conteúdo". Quando alguém faz algo que se destaca, que é legal o bastante, então pouco importa que não haja nenhum conteúdo. O melhor exemplo disso é o David Carson. É legal, e por isso não precisa dizer nada. Acho que há aí um equívoco básico quanto à função do design. Ele não passa de uma linguagem, de um meio de comunicação. É apenas um meio, não uma mensagem. Por si só, ele não transmite nenhuma mensagem, a não ser que alguém a coloque lá. O mero fato de fazer algo legal não significa que seja meritório. Ainda assim, o nada continua sendo nada. Por isso esse tipo de trabalho é muito decepcionante.

Você acha que, com as novas tecnologias, os designers têm mais poder e, portanto, deveriam ser mais responsáveis? Por causa da tecnologia, temos a oportunidade de nos tornarmos de fato relevantes. Já não precisamos mais das editoras para isso. Basta ver os designers de sites na internet, como podem sozinhos atingir o mundo – e daqui a pouco o mesmo vai acontecer com o vídeo e o som estéreo. Podemos fazer isso de graça, sem sair de casa – e não só os designers, mas também qualquer pessoa, em qualquer parte do mundo. Daí vem o meu entusiasmo, pois tenho esperança de que as pessoas vão ter o mínimo de seriedade para não ficar constantemente em busca de algo apenas legal, mas vão sair em busca de ideias que comecem finalmente a preencher esses buracos tecnológicos imensos e vazios.

Você pretende voltar a pregar para a comunidade de designers? Não. Sim. Não. Estou tentando fazer um bom trabalho. Estou tentando tirar o máximo de mim mesmo e também tirar o máximo do meu público. Estou procurando fazer um trabalho que seja um avanço. É isso o que quero.

RICHARD SAUL WURMAN apresentou, nos best-sellers *Information Anxiety*, publicado em 1990, e *Information Anxiety 2*, em 2000, um panorama dos princípios motivadores que se originam de sua vontade de aprender, em vez de se acomodar com o já aprendido, princípios que vêm mais da ignorância que da inteligência, mais da inaptidão que da capacidade. Bacharel e mestre em arquitetura pela Universidade da Pensilvânia, onde recebeu a Medalha de Ouro Arthur Spayd Brookes, lá estabeleceu um profundo relacionamento pessoal e profissional com o arquiteto Louis I. Kahn. Wurman fundou a editora Access Press Ltd. em Los Angeles, em 1981, The Understanding Business (TUB) em São Francisco, em 1987, e, em 1995, criou a competição anual de design do AIGA. Um dos principais projetos do TUB foi a reestruturação e o design dos 30 milhões de exemplares das Listas Amarelas Inteligentes distribuídos todos os anos na Califórnia pela companhia telefônica Pacific Bell. Em 1984, ele lançou as conferências TED (Technology Entertainment Design), da qual foi presidente e diretor criativo até 2002.

"Arquitetura da informação" é uma expressão que você cunhou há mais de duas décadas para definir uma verdadeira cisão da comunicação visual. Qual o sentido dela para você atualmente? Essa expressão foi criada formalmente por mim em 1976, ano em que fui o responsável pela conferência do AIA [American Institute of Architects] que tratava exclusivamente da "arquitetura da informação". **E como você definia na época essa "arquitetura"?** Como a capacidade de tornar clara a complexidade, com ênfase na compreensão e não no estilo. Agora, 22 anos depois, há algumas pessoas empenhadas em fazer exatamente isso. Muita gente hoje usa a expressão "arquiteto de informações", e não "designer gráfico", em seus cartões de visita. Mas a cisão continua a ser relevante. As pessoas que são mais bem consideradas pelos membros do AIGA, os heróis com medalhas de ouro em nossa profissão, ainda são os maneiristas. **Essa é a diferença crucial?** É a grande encruzilhada: fazer com que algo pareça bom ou fazer algo que seja bom. **E não há conciliação possível?** Claro que há. É perfeitamente possível fazer algo que seja bom e também bonito. Mas o que não dá é ter o objetivo de fazer algo com aparência boa, diferente, estilosa e, depois, ter a expectativa de encontrar o caminho de volta para fazer algo compreensível. Minha ênfase básica é na celebração do entendimento. Acho que essa é a nossa verdadeira tarefa como comunicadores, tornar as coisas compreensíveis, e quando conseguimos, de maneira engenhosa, torná-las de fato compreensíveis, então aí elas também são belas, sem a menor dúvida! **Então, é a velha questão da "forma segue a função"?** Bem, é a forma que segue o desempenho. Cagar é a função. Já o desempenho é a arte do teatro operacional da digestão. **Essa é uma descrição bem vívida, sem dúvida. Como você analisa a mudança do papel do designer gráfico na última década?**

Bem, um grupo pequeno passou da maquiagem para o significado. Pois reconheceram o que eu havia dito 22 anos atrás, que é nessa direção que tendem todos os negócios, aí é que vai se concentrar mais e mais trabalho para a profissão, e que é algo muito mais digno e artístico para se fazer. O resto é simplesmente moda. David Carson é moda. Ele é o sr. Armani. Nem isso; na verdade ele é o sr. Versace. Ou seja, é uma bobagem. Hoje está aí, amanhã sumiu. Não consigo nem mesmo dar uma ideia de quão chatas são, para mim, as revistas e as exposições de moda. Um tédio fenomenal. É algo tão raso e pífio que não me disponho nem mesmo a dar uma espiada. **Em termos históricos, quem antecipou o movimento da arquitetura da informação?** O mapa do metrô de Londres feito por Beck. É uma obra de design gráfico que está por toda parte e incorporou a vontade de comunicar e tornar as coisas compreensíveis para as multidões. E é algo inegavelmente bonito. **E quanto à escola suíça? Ela privilegiava o estilo ou a informação?** Ela se limitou ao formalismo e à diagramação. Não é um modo profundo de *entendimento*. Não chega ao fundamento. Quero dizer, tem gente nesse movimento que fez pictogramas maravilhosos. Isso é informação? *Claro que é*, pois ajuda na compreensão. Mas é como servir o chá, não é um jantar completo. Eu acho que eles são bons. Não estou jogando fora o bebê junto com a água do banho. Mas não é um modo de vida; é só um maneirismo. **Você faz alguma objeção aos pictogramas?** Não acho que os pictogramas sejam ruins. Não estou sendo chato. São elementos interessantes para ser desenhados e usados por um arquiteto da informação, mas não são arquitetura da informação na acepção mais ampla. Há pictogramas maravilhosos, como os feitos para os Jogos Olímpicos e coisas assim. Eles deixam as coisas mais claras. E ajudam na tomada de decisões. São uma espécie de vocabulário do entendimento. No entanto, o que acho muito curioso é que eles sejam refeitos a cada Olimpíada. **Acho que isso se deve à natureza do design gráfico – o diferente e o novo são privilegiados, mesmo se o que já existe continua eficaz.** É de se esperar que a arquitetura da informação não se restrinja apenas ao design gráfico. A conferência TED tem a ver com arquitetura da informação porque ali projeto o modo como as pessoas se comunicam em tempo real e modifico a estrutura da conferência de modo a eliminar a ansiedade de se entender em tempo real, no espaço e no tempo físicos. Tudo isso é arquitetura da informação. Uma boa ligação telefônica é arquitetura da informação. As palavras adequadas e o relacionamento apropriado entre palavras e elementos visuais também fazem parte da arquitetura da informação. **Como remediar a ansiedade do entendimento?** O problema ocorre quando a "informação" não nos diz o que queremos ou precisamos saber. Grande parte do que chamamos de informação não é informação. Não houve uma explosão de informação; o que houve foi uma explosão de não informação. Se ela não tem o estatuto de informar – e a palavra "informação" é quase toda composta de "informar" –, então não passa de uma coisa desprovida de significado. A solução é uma boa arquitetura da informação. **A não informação é, na verdade, desinformação?** São coisas distintas. Você pode ter um conjunto de números absolutamente corretos mas incompreensíveis. Isso não é desinformação. São dados. E nós recebemos um enorme volume de dados e achamos que temos de entender grande parte, pois isso é chamado de informação. No caso do executivo de uma grande empresa, se ele recebe maços de impressos e acha que alguém ali entende aquilo, ele realoca recursos do orçamento para o departamento que produz esses calhamaços que ninguém lê ou entende.

Qual é o perfil ideal de quem se dedica à arquitetura da informação? Pessoas que são apaixonadas por entender as coisas, o que, na minha opinião, seria o caso de todo ser humano saudável. Todo dia recebo muitos e-mails de pessoas ao redor do mundo que me pedem sugestões de escolas, livros, cursos que poderiam frequentar e contatos para os quais escrever porque estão interessadas em fazer carreira no campo da arquitetura da informação.

Você comentou anteriormente que o design gráfico está diante de uma encruzilhada. E, a menos que os designers tenham consciência do papel que podem desempenhar no mundo a que você se refere, eles optam pelo mundo mais fácil, ou pelo caminho mais fácil, que é o de privilegiar o estilo. Enfim, o caminho da moda, porque a moda é o mais bacana. O que eles têm de perceber é que a moda é fácil, muito fácil. Ainda assim, a nossa sociedade glorifica as pessoas que se destacam fazendo moda.

A última década foi marcada por um aumento de informação em tantas mídias, num grau que, imagino, nem mesmo você foi capaz de prever. Qual é o papel do arquiteto da informação nesse novo mundo?

Estou supondo que você não tinha ideia da dimensão que assumiria a internet e outros meios eletrônicos. Ou já vislumbrava algo? Eu certamente não vislumbrava o que iria ocorrer com a internet. Eu vi a explosão e a força da comunicação, mas provavelmente não imaginei nas proporções do que está acontecendo agora. Por outro lado, em palestras quinze anos atrás, eu já dizia "É nessa direção que vai estar todo o nosso trabalho no futuro; vocês ainda não se deram conta?". No circuito das escolas, eu dizia "Vocês têm de montar um curso de arquitetura da informação, esse é que deveria ser o foco de atenção. Não se trata de fazer um mapa maravilhoso, e sim um mapa que funcione". Fiz isso no Art Center, no Philadelphia College of Art (como era chamado na época) e no RISD – e ninguém manifestou muito interesse.

O gerenciamento da informação é a fronteira final do designer, ou há outra coisa despontando no horizonte? Em outras palavras, estamos destinados a superar o design gráfico? Acho que a arte do entendimento sempre vai ser a fronteira final, e essa arte não se modificou desde a invenção da palavra. E por que mudaria? O objetivo da civilização é tornar a informação compreensível, por isso temos palavras, canções, imagens e números.

Mas isso sempre vai ser, ou deve ser, o objetivo do designer gráfico? Não creio que os designers gráficos vão continuar a existir. Eles vão ser substituídos pelos arquitetos da informação! Vai haver gente que entende de palavras, imagens, números, e vai ter a tecnologia para comunicar tudo isso. E atualmente ninguém está sendo formado para realizar tal tarefa.

Quem, ou o quê, na sua opinião, está na liderança

dessa tendência, e por quê? O fracasso sempre abre o caminho. O fato de a maioria dos trabalhos gráficos ser ineficaz se entrelaça à necessidade de uma comunicação compreensível, de informações compreensíveis e de instruções compreensíveis. Os sites não funcionam, os noticiários de TV não funcionam, e há uma quantidade cada vez maior de ambos, o que, portanto, torna cada vez mais óbvio o seu fracasso. A catástrofe efetiva, ou a percepção da catástrofe, é o que leva à mudança criativa.

Você está propondo reduzir as coisas ao mínimo essencial? Não, apenas tomando a decisão sobre como encontrar algo. Como se começa uma viagem? Como se capacitam as pessoas a começar suas próprias viagens? Se quisesse pegar o carro e dirigir até a Califórnia agora mesmo, eu teria de decidir entre vários trajetos diferentes. Poderia seguir o caminho mais rápido. Ou o mais pitoresco. Poderia escolher o caminho – já que tenho um conversível – mais divertido para dirigir. Poderia seguir um trajeto que incluísse todos os melhores museus, ou os melhores de seja lá o que for. Ou, então, poderia viajar de modo a parar e acampar em determinados pontos, Deus me livre. Poderia fazer um tour gastronômico. Enfim, os caminhos são os mais diversos, certo? Dependendo da minha escolha, a viagem seria diferente, mas tenho as condições de fazer isso, pois sou dono de um carro, sei dirigir e ler um mapa, e posso decidir como eu quero achar essas coisas e teria de pesquisar como chegar lá.

Em parte, a arquitetura da informação serve para lhe dar a capacidade de decidir que tipo de viagem se quer fazer? Não, ela nos dá o poder de tomar essas decisões sobre como prosseguir.

Mas poderíamos fazer isso de qualquer modo. Se pensarmos em um site realmente bom, então poderíamos programar a viagem de acordo com as informações ali existentes. Esse é o ponto. **Como você vê a influência exercida por suas conferências TED em meios eletrônicos, como a internet ou o CD?** Seria melhor que você fizesse a pergunta àqueles que participaram da TED. **Bem, que resultados gostaria de obter, dado todo o empenho que dedicou a isso?** O resultado sempre foi muito melhor do que busquei ou previ. Não planejei o sucesso nem a repercussão dos encontros. Até hoje não entendo direito como se deu isso. Você sabe como sou arrogante em relação a quase tudo, mas não sou nada arrogante no que se refere a essa conferência, pois ela é uma surpresa constante para mim. É simplesmente um evento muito mais importante do que jamais imaginei. E, a partir dele, as pessoas geram novas ideias, novos projetos, novas revistas, novas empresas, novos diálogos, novas amizades, novas epifanias e novas coisas – e nada disso foi previsto por mim. Até hoje continua sendo assim. Tenho ótimas ideias para a décima TED, que vai acontecer em fevereiro de 2000. Se seguir a tendência das outras, vamos ter muito mais repercussão, com tentáculos maiores e mais numerosos. **Foi por isso que você criou a conferência TED MED?** Os médicos também precisam da arquitetura da informação. A importância e a capacidade de entender informações sobre a área da saúde têm como resultado a redução do custo e a melhora da qualidade do serviço médico, e também *cria* pacientes e médicos melhores. Ninguém deu atenção a esse segmento. É um segmento de arquitetura da informação de um setor que movimenta um décimo do PIB. E raros são os designers gráficos que se preocupam ou se dedicam a ele!

TED é a sigla para Tecnologia, Entretenimento e Design. Como essas forças interagem? Importante aí é a escolha do termo "entretenimento" em vez de "educação". Muita gente acha que "educação" parece implicar maior responsabilidade. No entanto, acho que é o contrário, pois o que as comissões de educação nos proporcionam são experiências de aprendizado verdadeiramente medonhas. É "entretenimento", no sentido em que trata da informação, que, de uma forma divertida, nos permite aprender. E "entretenimento" não é uma palavra tão ruim assim. Não estou me referindo a entretenimento como o proporcionado por um comediante num palco. Embora tenha de reconhecer que devo algumas das ideias políticas mais claras a comediantes com algo a dizer. É por esse motivo que sempre convido, para a conferência, músicos, acrobatas e mágicos. Em resumo, trata-se do design da informação com uma forma divertida e baseada na tecnologia adequada.

Portanto, quando se descarta o E não há como manter o T ou D? Atualmente, para se criar tecnologia associada às comunicações, o entretenimento e o design são essenciais, e é possível chegar lá por meio de cada um deles. Isso significa que o design esteja virando uma ciência? Não. Só está mais sistematizado. Mais reflexivo. Mas eu também não chamaria a psicologia de ciência.

Em que direção você pretende conduzir a ideia e o ideal da TED? Em fevereiro de 2000, pretendo fazer essa celebração pública da força do entendimento.

Depois disso, não sei o que vou fazer. **E é isso que nós, as pessoas, queremos?** Não me importa. É o que eu quero. Na hora em que começamos a julgar nosso trabalho com base em outras forças, inteligências e mentes externas, e não em nós, aí não temos mais condições de julgar nada. Os meus juízos se baseiam naquilo que me interessa conhecer, em função da minha capacidade de compreensão. E a minha ingenuidade e minha capacidade se devem exatamente ao fato de ser um estúpido.

EDWIN SCHLOSSBERG é designer, autor e artista com doutorado em ciência e literatura pela Universidade Columbia. Ex-discípulo e assistente de Buckminster Fuller, em 1976, fundou a Edwin Schlossberger Incorporated (ESI), uma agência de design multidisciplinar voltada para a criação de ambientes interativos dinâmicos em contextos diversos, como museus, lojas de varejo, programas de TV e sistemas de informação computadorizados. Entre esses ambientes estão o ECHO, da Orquestra Sinfônica de Chicago, o Sony Wonder Technology Lab e a Sony Plaza, a Innovation Station, do museu Henry Ford, em Dearborn, e o Children's Museum, no Brooklyn. **Eu vejo você como um engenheiro social. Você conduz as pessoas de um ponto a outro ao longo de um trajeto educativo, com o objetivo de inspirá-las a interagir entre elas e aprender algo. Como foi que chegou a esse campo?** Não acho que tenho a ver com a engenharia social, mas talvez pertença a uma nova categoria denominada "design social", aqueles que estudam como as pessoas reagem e interagem e são afetadas e determinadas pela forma como foi projetado um evento ou um ambiente. O desafio que sempre me coloquei é o de fazer coisas que capacitem as pessoas a aprender mais (1) sobre um assunto, (2) sobre elas mesmas e (3) sobre outras pessoas – tanto vivas como documentadas. O processo que afortunadamente me levou ao design de coisas foi muito errático e fortuito. Acredito que o fato de ter concluído o doutorado nas áreas de ciência e literatura ajudou muito, pois me levou a lidar com problemas de explicação e descrição. Também acho que o trabalho com Buckminster Fuller e a oportunidade de vê-lo tentando solucionar problemas por meio de sua redescrição contribuíram muito para dar um foco ao meu esforço.

No decorrer de sua carreira, você adotou modelos psicológicos como padrões de referência de seu trabalho, mas seu trabalho também tem muito a ver com o design de planos e espaços. Qual é a importância do design no processo interativo? O design sempre ocupa uma posição central na expressão de qualquer ideia. No entanto, só procuro visualizar a aparência de uma nova ferramenta de comunicação depois de ter explorado exaustivamente aquilo que quero comunicar e o modo como deve transcorrer determinada conversa entre pessoas em um ambiente. Para mim, o design é um processo de animar e de conferir vida, dramaticidade e empolgação a essa conversa. Em geral, o design físico, espacial e gráfico serve para facilitar os roteiros dessa conversa.

Em *Regresso ao Admirável Mundo Novo*, Aldous Huxley alertou contra o poder invasivo dos meios de comunicação de massa. Essencialmente, você está domesticando ou controlando tais meios em seu trabalho? Creio que Huxley estava pensando em um modelo mecanicista de comunicação e controle, que tem mais a ver com a distribuição previsível de materiais do que com uma conversação interdependente e dinâmica. Não me preocupo com o controle dos meios de comunicação de massa porque grande parte do que faço é ativar pequenas comunidades físicas espontâneas em espaços públicos. Estou muito interessado e empenhado em criar ferramentas que permitam a uma ou cinco centenas de pessoas passar um tempo agradável e excitante comunicando-se umas com as outras, e entretidas em achar outras maneiras de fazer isso. Adoro a ideia de alguém domando os meios de massa como se eles fossem um animal feroz. Mas claro que isso não existe. [illegible] **Pensando em um capítulo de seu último livro, *Interactive Excellence* [1998], como se faz para educar, em vez de controlar, um público massificado? Quais ferramentas e estratégias você usa?** Um elemento crucial para mobilizar e educar um público massificado é proporcionar muitos pontos de acesso a uma conversa e permitir que todos participem dela de maneira significativa. Quanto mais fragmentada se torna a nossa sociedade, mais importante é oferecer contextos públicos nos quais as pessoas possam se reunir e partilhar experiências que sejam relevantes em um nível profundo. Nesses contextos públicos, é possível moldar uma conversa proveitosa, ou seja, com uma troca respeitosa de ideias. Sobretudo agora, com a proliferação das mídias eletrônicas, uma quantidade cada vez maior de gente tem mais acesso à informação, e todos os tipos de público precisam aprender como desenvolver conversas proveitosas, manter uma atitude crítica e avaliar a informação a partir de diferentes perspectivas. Independentemente do nível de educação e formação cultural, todos podem participar das conversas. O que tento fazer é proporcionar vias de acesso que se adaptem ao nível de conhecimento ou de experiência de cada um, de modo que, por exemplo, os pais não se sintam constrangidos ao revelar sua ignorância diante dos filhos. Isso requer a criação de uma interface capaz de auxiliar o aprendizado, que é uma ferramenta muito útil e possível de ser implementada em mídia eletrônica, como a internet. Ao proporcionar tais ferramentas e vias de acesso, estamos possibilitando ao público tornar-se mais crítico, levar em conta diferentes perspectivas, estabelecer relações mais significativas e comunidades melhores e aumentar sua capacidade de participação ativa no intercâmbio de ideias.

Você faz projetos para adultos e crianças. Há diferenças fundamentais na abordagem desses grupos? Para as crianças, a tarefa é aprender a controlar o seu mundo. Elas tentam de tudo para fazer com que algo funcione. Já os adultos acham que há uma única maneira correta de fazer as coisas e que, se ela não dá certo, então eles é que falharam. As crianças não medem o fracasso por sua incapacidade de obter o resultado correto. Elas o avaliam pelo sentimento e consenso associados à experiência. O conhecimento disso me faz projetar experiências para crianças e adultos de maneira muito diversa.

Como você projeta um ambiente para crianças? Qual é o quadro de referência? Evidentemente recorro a minhas experiências com crianças em geral e com os meus filhos em particular – e imagino como gostariam de explorar uma ideia ou como desfrutariam de uma determinada experiência. Além disso, procuro imaginar quais vivências entre as crianças tornariam os acontecimentos mais interessantes e animados, sem me concentrar apenas na comunicação entre o projeto e a criança. Também procuro desenvolver a metáfora sobre aquela vivência e os vínculos com outras vivências, a fim de conferir um contexto ao projeto.

Lembro de você me contar a respeito de um ambiente interativo multifacetado (voltado para tarefas e objetivos) que havia sido concebido como um centro de entretenimento de alta tecnologia. Como isso difere, por exemplo, da Disney World ou do Lazer Park? O projeto que concebi para um centro de entretenimento interativo multipessoal partiu da ideia de que os jogos servem para intensificar o diálogo entre os participantes. São jogos de verdade que permitem que o resultado de cada jogada afete o resultado de todas as jogadas subsequentes. São jogos colaborativos, dialógicos e competitivos. Têm como objetivo propor um novo paradigma para as pessoas aproveitarem o fato de estar com estranhos, aprendendo com eles e fazendo algo proveitoso. As vivências na Disney World são baseadas em uma narrativa linear, e a Lazer Tag promove a lógica do "eu ganho, você perde" – a suspensão intencional da desconfiança é o motor primário do entretenimento. Eu projeto minhas vivências para que realcem no mundo a enorme diversidade e qualidade das pessoas que delas participam – reservando ao jogo o papel de ser um meio de superar as resistências para se entrar na conversa, e não fazendo dele o foco principal.

Qual tem sido a reação a esse tipo de interatividade? Ela confirmou as suas expectativas? A reação foi entusiástica entre as pessoas interessadas em aprender, descobrir e conhecer outras pessoas, e foi reticente por parte daqueles que sentem de outro modo.

Em meu entusiasmo ingênuo para melhorar o mundo, esperava que todos adotassem a ideia, mas é óbvio que isso não aconteceu. **Em seu trabalho, as interfaces não se limitam a dispositivos gráficos em telas de computador. O que é preciso para criar uma interface bem-sucedida?** Como meio de conectar as pessoas, uma interface eficiente é invisível. Assim como faz um bom casamenteiro depois que junta as pessoas, uma boa interface explica e explora todas as partes de um sistema, permitindo que o usuário assuma o controle delas, como uma ferramenta confortável que lhes permita atuar com eficiência. Acho que a criação de uma boa interface é de fato uma habilidade moderna, que implica conciliar o conhecimento do design físico, questões de comportamento, gráficos e imagens, história e roteiro, de modo a orquestrar tudo isso de maneira inovadora e atraente. Espero que seja isso que as escolas de design estejam ensinando aos estudantes, pois essa é e vai continuar sendo uma das grandes tarefas do design nas próximas décadas. **Quais são os novos padrões de excelência requeridos para tornar a interatividade um exercício proveitoso?** (1) Para ser excelente, a interação tem de capacitar os participantes a aprender mais a respeito do assunto, deles mesmos e dos outros durante o processo. (2) Para ser excelente, a interação tem de proporcionar acesso aos assuntos a partir de vários pontos de vista, níveis de educação e faixas etárias. (3) Para ser excelente, a interação tem de evoluir em função da atuação dos participantes – ou seja, ela precisa aprender e mudar conforme a ação dos usuários. Esse é apenas um esboço inicial de critérios que certamente vão ser ampliados e modificados.

Décadas atrás, Marshall McLuhan introduziu a ideia de uma aldeia global. Aparentemente, com a internet estamos nos aproximando dessa previsão. Porém, por mais que a interatividade conecte as pessoas, ela também as separa. Você acha que aumentou ou diminuiu o nosso senso de comunidade? Acho que somos menos comunitários no que se refere às ideias que temos a nosso respeito, mas por outro lado estamos nos tornando mais comunitários em nossas ações. A internet proporciona um contexto para comunidades grandes e pequenas, assim como o rádio CB [Citizens' Band Radio], o radioamador etc. O que precisamos é ter mais consciência de nossas comunidades de interesse, mais empenho em nos conectarmos com as comunidades físicas e reforçar nossos vínculos com as comunidades locais. Tudo isso requer vivências que moldem e celebrem o fato de que temos muitas coisas para trocar uns com os outros.

Para os modernistas, entre os quais Buckminster Fuller, o bom design poderia melhorar a qualidade de vida. Você acredita nessa ideia? E, no mundo eletrônico, como isso pode funcionar? Acredito, sim, e vivo todos os dias em função dessa crença. No mundo eletrônico, com toda a sua complexidade e seus desafios, o design pode criar contextos e restabelecer a trama da cultura se todos nós nos empenharmos, sem cinismo, nesse sentido.

JOHN PLUNKETT é sócio de Barbara Kuhr na firma de design Plunkett + Kuhr (P+K), com sede em Park City, Utah. Ambos foram cofundadores e diretores criativos da revista *Wired* (entre 1991 e 1998) e da Wired

Digital (entre 1994 e 1999). Nessa função, foram responsáveis pela aparência e pela orientação da revista *Wired*, da Wired Books e da HotWired, o primeiro site comercial do mundo. Plunkett formou-se em 1976 no California Institute of Arts (CalArts). Em 1979, juntou-se a Dan Friedman e Colin Forbes – em um canto do escritório de George Nelson – para fundar o estúdio Pentagram, em Nova York. Depois de permanecer ali por três anos, Plunkett dirigiu projetos para Saul Bass, Deborah Sussman e James Sebastian, antes de abrir a Plunkett + Kuhr em 1990. Entre os projetos realizados pela P+K estão a sinalização do Museu do Louvre (com a Carbone Smolan Associates e I. M. Pei), exposições no Carnegie Hall e peças gráficas para o Sundance Film Festival.

De onde surgiu a ideia para a criação da *Wired*? Conheci Louis Rossetto em 1984, em Paris, onde ele era o editor, e eu o designer, de uma newsletter para investidores. Ficamos muito amigos depois que descobrimos que éramos ambos fanáticos por publicações – costumávamos sair e comprar um punhado de revistas americanas e acabávamos em algum café, discutindo exaustivamente as publicações. Louis sempre dizia que devíamos fazer uma revista, e eu sempre zombava, achando a ideia inviável. Quatro anos depois, porém, ele estava trabalhando para uma revista de tecnologia em Amsterdã e lá começou a conhecer as pessoas e as subculturas que mais tarde seriam enfocadas na *Wired*. Barbara Kuhr e eu havíamos voltado para Nova York quando recebemos uma ligação de Louis, no outono de 1988. A conversa foi mais ou menos assim: "Já descobri, já sei do que vai tratar a nossa revista!" "Do quê?"

"Computadores!" "Ah." "Você não entende nada – os computadores vão ser o rock-and-roll da década de 1990!" "Você tem razão. Não tenho a menor ideia do que você está falando." ■ No fim, porém, Louis conseguiu convencer a mim e um monte de outras pessoas de que de fato havia achado um caminho. E, logo em seguida, a tecnologia virou uma força cultural dominante.

Como foi a sua formação em design? Você já estava "wired" ["conectado"]? Quando estudava no CalArts, no início da década de 1970, o meu mentor, Louis Danziger, costumava dizer aos seus alunos de design que "um dia todos nós vamos trabalhar com computadores". Mas a gente achava que ele estava alucinando.

O que o levou a mudar de ideia? Na Pentagram, no final da década de 1970 e início da seguinte, passei muito tempo concebendo sistemas proporcionais para a American Express e outros clientes, de modo que pudessem fazer a revisão de seus relatórios anuais em processadores de texto, reduzindo assim pela metade as despesas com composição. Diagramávamos os relatórios e em seguida montávamos enormes templates totalmente doidos – mas com o número exato de linhas e caracteres – que podiam ser usados diretamente nas máquinas do cliente. Mesmo assim, ainda não considerava o computador uma ferramenta que gostaria de ter sobre a mesa. ■ Isso mudou em 1984, quando trabalhava naquela newsletter, em Paris. Eles tinham um dos primeiros Macintosh, e fiquei muito entusiasmado com a possibilidade de trabalhar diretamente com o punhado de fontes oferecidas pela Apple. Como ainda não havia nenhum programa de diagramação, nós gerávamos os tipos e os usávamos em *paste-ups* tradicionais. ■ Em 1986, 1987, Barbara e eu fomos contratados para criar o sistema de informações para os visitantes do Museu do Louvre, em colaboração com a Carbone Smolan e o escritório do I. M. Pei. Não sei como, mas sobrevivemos um ano falando francês, discutindo com os burocratas da prefeitura de Paris e aprendendo a usar o PageMaker. Com ele fizemos o leiaute de todo o programa de sinalização, que era gigantesco, em uma tela de catorze polegadas. Era como escanear um campo de futebol com um microscópio. Porém, mais importante talvez tenha sido o fato de termos começado a trabalhar a distância e em tempo real, em uma enorme "máquina de fac-símile", com o escritório em Nova York. Aí esses recursos tecnológicos começaram a ficar interessantes. ■ No final da década de 1980, em Nova York, comecei a trabalhar em projetos com o designer Jim Sebastian na DesignFrame. Introduzi o Macintosh em seu estúdio, e Barbara e eu compramos o nosso primeiro computador doméstico quando foi lançado o Mac II; como muitos outros designers, duvido que eu tivesse chegado perto de um computador se a interface do Macintosh não tivesse sido inventada. Na DesignFrame, criamos o Color Curve Color System (baseado em uma calibração computadorizada das cores) exclusivamente no Mac e projetamos um *desktop-publishing system* [DTP] para o Hillier Group, um escritório de arquitetura de Princeton, em Nova Jersey. Também começamos a usar modems para transferir arquivos, associando a conectividade dos aparelhos de fax e as ferramentas cada vez mais refinadas do Mac. ■ Com a FedEx, o modem, o fax e a capacidade cada vez maior dos computadores, Barbara e eu achamos que talvez fosse viável montar um pequeno estúdio de design para atuar em âmbito nacional a partir de qualquer lugar. Começamos então a buscar uma cidade pequena, perto de um bom aeroporto, no Oeste dos Estados Unidos, e foi assim que em 1991 nos mudamos para Park City, em Utah, sem nenhum cliente e morrendo de medo. Nos dois anos seguintes, contudo, projetamos exposições para o Carnegie Hall (a distância) e material gráfico para o Sundance Film Festival, que acontece lá em Park City.

E quando a *Wired* foi conectada? Por ironia, o primeiro boneco da *Wired* foi feito, na primavera de 1991, com colagens manuais de cópias coloridas, a fim de que tivesse a aparência de ter sido produzido com os computadores poderosos e os programas de que precisávamos mas não tínhamos condições de comprar. Assim que a revista recebeu recursos, no final de 1992, iniciamos a fase – que já dura cinco anos – de viagens semanais até o escritório em São Francisco, complementadas pela telecomunicação em alta velocidade a partir de nossa casa em Utah. Para o melhor e o pior (ou ambos), estamos comprometidos com o modo de vida que é o tema da revista.

Não dá para fazer toda a revista eletronicamente, no seu estúdio em casa? Por ironia, dada a missão editorial da *Wired*, esse é o esforço mais colaborativo de que participei e exige muito contato pessoal. Fizemos experiência com videoconferências, que funcionam bem para resolver problemas logísticos, mas é terrível para sessões de *brainstorming*. Talvez algum dia a gente tenha vídeo em alta resolução e em tempo real, capaz de reproduzir a sensação de estar presente junto aos outros participantes, mas até lá não tem nada que substitua as reuniões semanais para a discussão de assuntos editoriais e de design.

Ao cuidar do design de uma revista que cobre o presente e anuncia o futuro, quais

são as suas principais preocupações no que se refere à forma e ao estilo? Certa vez, o autor de ficção científica William Gibson disse que "O futuro já chegou, só que não está bem distribuído". Aproveitamos essa sacada como guia para o design da *Wired*. Como jornalistas e designers, nossa tarefa era vislumbrar o futuro e, depois, tornar isso visível para os nossos leitores. Em 1992, porém, o futuro das comunicações era obscuro para a maioria das pessoas. ■ Na época, a principal questão formal a ser solucionada, para nós, era a contradição de usar tinta sobre papel, um meio antigo e rígido, para cobrir esse mundo eletrônico emergente, fluido, não linear e assíncrono. Como não podíamos *ser* a nova mídia de que estávamos falando, o que poderíamos fazer para expressá-la? Como indicar concretamente esse futuro invisível? E, talvez o mais importante, como transmitir a sensação dele? Esse futuro era algo bom ou ruim? Assustador ou amistoso? Uma ameaça ou uma promessa? E assim por diante. Em seguida, havia a questão técnica de como dar uma aparência "eletrônica" à tinta sobre papel. Não é que eu adore a tinta fluorescente – mas simplesmente parecia uma solução apropriada para esse problema específico. ■ Além disso, havia questões pragmáticas relativas à embalagem do produto. Como iríamos nos diferenciar em meio à concorrência nas bancas? Como atrair a atenção? Louis queria que a *Wired* fosse uma revista mais cara – com um preço de capa de cinco dólares, em vez dos dois ou três dólares normais. Isso nos levou a um formato e a uma aparência que talvez estivesse mais próxima de um livro a ser guardado, e não de uma revista para ser descartada. ■ Também procuramos de propósito evitar ao máximo as técnicas e os clichês contemporâneos no design de revistas. Até agora não acho nada óbvio o motivo de a maioria das revistas ter a mesma cara. Em especial, queríamos deixar de lado um tabu implícito no design: o de que o bom design é sutil, de bom gosto, elegante e contido. Acho que talvez seja isso mesmo, mas também acho que depende do contexto. No caso da *Wired*, achamos que era mais importante que fosse *viva*, em vez de sutil.

Agora que a *Wired* também está on-line, quais são as hierarquias e características nos elementos que formam a mistura de mídias em que se transformou a Wired Inc.? Nosso objetivo é criar uma marca "Wired" que signifique informação útil e divertida sobre o futuro, transmitida por qualquer mídia que seja viável. Por enquanto, temos a revista, os livros e várias ferramentas na internet, todas baseadas sobretudo no texto. E começamos a fazer experimentos com televisão, que parece mais adequada para transmitir o subtexto emocional, em vez de um conteúdo mais profundo. A TV também nos interessa num sentido mais pragmático, pois gostaríamos de estar presentes no momento em que ocorrer a convergência da TV com a internet.

O mundo conectado já criou os seus próprios clichês e estereótipos em termos de design? Seis anos atrás, quando começamos, nosso negócio era justamente desenvolver esses clichês. Isso é, claro, uma faca de dois gumes. Tentamos explorar metáforas visuais que façam sentido em relação ao conteúdo a que devem servir. Por isso, às vezes é doloroso ver a aparência superficial do nosso trabalho sendo reaproveitada e usada como decoração, de uma maneira desvinculada do propósito original. Esse problema não é uma novidade para os designers – simplesmente estamos agora mais conscientes dele em função de nossa experiência com a criação da *Wired*. **Quais são alguns exemplos desses estereótipos, e de seu uso e contexto apropriados?** A equiparação de fluorescência e futuro eletrônico é o mais óbvio. De certo modo, ele se tornou parte da marca Wired, mas é curioso quando o mesmo recurso é usado por bancos de investimento em seus folhetos. Por vezes usamos uma técnica de sobreposição que, embora não seja novidade na área de design, era algo inusitado no contexto de revistas vendidas em bancas. **Ainda na linha dos estereótipos, como surgiu *Mind Grenades* [Granadas mentais]? Ele pretende ser um código visual para o futuro?** *Mind Grenades* foi o primeiro livro lançado pela Wired. É uma compilação das citações introdutórias das trinta primeiras edições da revista, que criamos em colaboração com um grupo de designers e ilustradores extremamente talentosos – Giles Dunn, Erik Adigard, Max Kisman, James Porto, Jeff Brice, Nick Phillip e outros. Essas citações, que apareciam no sumário da revista, foram concebidas como anúncios de ideias. Foram pensadas para que concorressem com os anúncios publicitários do início da revista e os superassem. Ironicamente – ou seria inevitavelmente? – o mundo da publicidade parece ter reagido a nossas tentativas de mesclar a palavra e a imagem. As citações também eram uma homenagem ao nosso santo padroeiro, Marshall McLuhan, e ao extraordinário projeto concebido por Quentin Fiore para o livro *The Medium is the Massage* [O meio é a massagem], de 1967. Mas seria um "código visual" para o futuro? Preferia que não fosse, pois a visualização do futuro é por definição um alvo móvel, que nós da Wired esperamos manter sob a nossa mira.

No mundo conectado ou digital, o que lhe parece mais desafiador para os designers? Muitas coisas. Primeiro, precisamos deixar de ver o computador como uma caixa sobre a mesa que nos isola como a TV e passar a vê-lo como uma mágica poderosa que amplia nossos relacionamentos interpessoais, transcendendo o tempo e o espaço. E que nos leva à colaboração. A natureza dos computadores em rede é romper com as distinções entre as disciplinas, entre os clientes e os consultores, entre os chefes e os subordinados. Os designers que entenderem essa noção vão se dar bem. ■ Igualmente importante, se não abandonarmos logo um paradigma baseado no impresso, boa parte dos profissionais de design provavelmente vai ser, nos próximos anos, substituída por gente saída das escolas de cinema. É preciso pensar em filmagem em tempo real, não em impressão ou recursos gráficos. Os suportes da narração de histórias estão mudando. Tecnologias e disciplinas antes isoladas e distintas estão todas migrando para a tela do computador, que vai concentrar tudo. Se associarmos isso à rápida expansão da banda larga, permitindo a fusão da TV e da internet, temos um novo mundo de narração de histórias, com sons e movimento, interligando os nossos computadores a outros computadores e aparelhos de TV. O impresso não vai desaparecer, mas o núcleo da disciplina do design provavelmente vai se deslocar para essas mídias emergentes. Basta ver o trabalho dos designers gráficos que tiveram acesso ao programa Media 100, como Laurie e Scott Makela, na Cranbrook. É espantoso! ■ Por fim, nem todos, mas a maioria dos designers ainda está embasbacada demais com seus computadores novos e reluzentes. É irresistível a tentação de usar todos os novos recursos oferecidos, às vezes todos ao mesmo tempo. A perda da competência tipográfica já começou a ser corrigida, mas agora estamos enfrentando o mesmo problema nas fases de pré-impressão e impressão, o que resulta em muitas imagens sujas e contrastes esquisitos de cores (mas na tela parecia ótimo!). Digo isso porque eu mesmo já cometi em público todos esses pecados e ainda outros inúmeras vezes nos últimos cinco anos. Só espero que, na *Wired*, se note uma tendência ao longo do tempo de solução de tais problemas, e não a sua repetição. A cor e o contraste que parecem maravilhosos em nossos monitores podem ficar *medonhos* quando transpostos para a tinta sobre o papel.

Como diretor criativo/editor de uma revista e de livros, como você vê as mudanças do impresso em função do digital? Acho que a informação corriqueira transmitida de maneira corriqueira tende rapidamente a migrar para a mídia eletrônica. Minha esperança é que a informação extraordinária apresentada de maneira extraordinária acabe se tornando o futuro da mídia impressa. Isso é muito parecido com a noção de "high tech/high touch" ["alta tecnologia/alto contato humano"], proposta pelo futurista John Naisbitt. Acho bem provável que certos livros passem a contar suas histórias de maneira exclusivamente visual. No ano passado, fizemos um livro sobre o festival Burning Man, em Nevada, que tenta relatar a história do evento em 160 páginas de fotos. É uma história com começo, meio e fim – e alguns desvios pelo caminho. Porém, espero que os leitores tenham uma compreensão do evento melhor do que se lessem os ensaios anexos. Em outro sentido, o livro *Mind Grenades* procura operar em nível estritamente visual, distinto da via textual.

Há algum tipo que expressa o "futuro"? Há tipos que podem dizer qualquer coisa, mas quase sempre depende do contexto e também do conhecimento que o designer tem do mundo ao nosso redor e, sobretudo, de nossa história coletiva. **Como designers, devemos nos preocupar em como vai ser o futuro?** Não me parece que haja outra opção. O design, ou qualquer outro empreendimento criativo, está intrinsecamente associado a dar uma forma ao futuro. **O design é um meio para se difundirem noções de como "deve ser" a aparência do futuro?** Difundir noções de como as coisas *deveriam* ser? Acho que não. Criar noções de como as coisas *poderiam* ser, aí sim. **Você ainda se considera um designer gráfico? O design gráfico pode contribuir de modo relevante para o design on-line?** Nunca me senti muito confortável com o termo "designer gráfico", tampouco com o termo anterior, "artista comercial", que me parece equivocado. O termo "designer gráfico" conota apenas aquilo que se pode ver: o produto final, a ponta do iceberg de um longo processo, quase sempre invisível, de resolução de problemas. Mas é esse processo o que importa, muito mais do que o resultado final. ■ Nesse sentido, acho que tenho muito mais a ver com a escola clássica do design modernista. Acredito que o que importa mesmo é o processo de design, e tanto faz se é um livro, uma cadeira ou estratégia empresarial. Seja como for, recorremos à mesma abordagem para a solução de problemas e, por meio de uma mistura de sorte, experiência e senso de oportunidade, às vezes conseguimos resolver um problema de maneira satisfatória e eficaz. Então, a resposta é afirmativa: os designers certamente podem contribuir, caso queiram, para o design on-line. Só que, do meu ponto de vista, o designer atento às questões de conteúdo tem mais possibilidade de fazer uma contribuição significativa do que o designer mais preocupado com a forma.

índice

Conselho editorial ANDRÉ STOLARSKI, CHICO HOMEM DE MELO, JOÃO DE SOUZA LEITE, RODOLFO CAPETO

Coordenação editorial ELAINE RAMOS

Atualização das biografias ELAINE RAMOS, ANA PAULA MARTINI

Revisão ELIANE SANTORO, ISABEL JORGE CURY

Projeto gráfico ELAINE RAMOS, PAULO ANDRÉ CHAGAS

Tratamento de imagem WAGNER FERNANDES

Produção gráfica ALINE VALLI

Nesta edição, respeitou-se o novo Acordo Ortográfico da Língua Portuguesa.

Dados Internacionais de Catalogação na Publicação (CIP)
(Câmara Brasileira do Livro, SP, Brasil)

Design em diálogo: 24 entrevistas por Steven Heller e Elinor Pettit, título original: *Design dialogues*, tradução: Cid Knipel, São Paulo: Cosac Naify, 2013, 336 pp., 47 ils., ISBN 978-85-405-0360-1

1. Artes gráficas, História, Século 20, 2. Design - História - Século 20, 3. Designers - Entrevistas I. Heller, Steven. II. Pettit, Elinor.

13-03720, CDD-745.4, Índices para catálogo sistemático:
1. Designers: Entrevistas 745.4

COSAC NAIFY
rua General Jardim, 770, 2º andar
01223-010 São Paulo SP
cosacnaify.com.br [11] 3218 1444
atendimento ao professor [11] 3823 6560
professor@cosacnaify.com.br

PAPEL Yu Long Pure 100 g/m^2,
FONTE Fakt 9,2 × 12,7 pt, TIRAGEM 3 000. Impresso na OGI, China.